深圳市人文社会科学重点研究基地成果

大学科普丛书
第二辑 付梦印主编

A Ramble about Science and Culture

科学文化漫谈

刘 兵◎著

科学出版社
北京

内 容 简 介

科普是一个可以从多个视角探讨的问题，本书收录了作者近年来发表的一些从科学文化、科学传播、科普阅读、科学教育、科幻观察五个角度来进行讨论的通俗性文章、对话的汇集和虽然发表在学术刊物上却仍有跨文本可读性的文章。这些文章的核心内容与思想，从总体上讲，也是广义的对科学文化与科普的研究和思考。这些讨论超越了传统的科普研究，其视角和观点对于关心科学文化和科普的读者具有一定的启发作用。

本书适合对科学知识、科学文化等科学、人文领域内容感兴趣的广大读者阅读。

图书在版编目（CIP）数据

科学文化漫谈 / 刘兵著. —北京：科学出版社，2023.1
（大学科普丛书）
ISBN 978-7-03-073518-8

Ⅰ.①科… Ⅱ.①刘… Ⅲ.①科学技术-文化学-通俗读物
Ⅳ.①G301-05

中国版本图书馆 CIP 数据核字（2022）第 192144 号

丛书策划：侯俊琳
责任编辑：侯俊琳 唐 傲 / 责任校对：刘 芳
责任印制：徐晓晨 / 封面设计：有道文化

科学出版社出版
北京东黄城根北街 16 号
邮政编码：100717
http://www.sciencep.com
北京盛通商印快线网络科技有限公司印刷
科学出版社发行 各地新华书店经销
*
2023 年 1 月第 一 版 开本：720×1000 1/16
2023 年 1 月第一次印刷 印张：14 1/4
字数：200 000

定价：58.00 元
（如有印装质量问题，我社负责调换）

“大学科普丛书”第二辑编委会

总 序

在 2016 年 5 月 30 日召开的“科技三会”上，习近平总书记强调：“科技创新、科学普及是实现创新发展的两翼，要把科学普及放在与科技创新同等重要的位置。”① 这是党和政府在全面建成小康社会、实现第一个百年奋斗目标进程中，对科学普及重要性的定位。之后的 2018 年 9 月 17 日，习近平在给世界公众科学素质促进大会的贺信中再次强调：“中国高度重视科学普及，不断提高广大人民科学文化素质。中国积极同世界各国开展科普交流，分享增强人民科学素质的经验做法，以推动共享发展成果、共建繁荣世界。”② 贺信中指出，做好中国科普工作对于推动构建人类命运共同体具有重大意义。

如今，我们完成了第一个百年奋斗目标，正在向第二个百年奋斗目标迈进，努力实现中华民族伟大复兴的中国梦。一个民族的崛起，是建立在科学技术充分发展的基础上的。科学技术的发展，不仅表现为高新技术的不断涌现，基础科学的日新月异，更重要的是表现为全民族科学素质的大幅提高。因此，科学普及是与科技创新同等重要但更基础的工作。只有坚持不懈地普及科学知识、推广科学技术、倡导科学方法、传播科学思想、弘扬科学精神，才能提高中华民族的整体科学素质，为科技创新提供持久的内生动力。随着中国日益走向世界舞台的中央，中国的科普事业将不仅惠及中华民族，也将惠及世界人民。

科普包含三个层面，一是知识和技术的普及，二是科学文化的传播，三是对受众科学精神的塑造。《大学科普》杂志秉承“普及科学知识 树立科学理念”的指导思想，强调“用文化普及科学”“用科学塑造灵魂”。这

---

① 习近平 . 为建设世界科技强国而奋斗——在全国科技创新大会、两院院士大会、中国科协第九次全国代表大会上的讲话 . 北京：人民出版社，2016.

② 新华网 . 习近平向世界公众科学素质促进大会致贺信 . http://www.xinhuanet.com/2018-09/17/c_1123443442.htm[2020-09-16].

种创新性的理念，使其更具人文内涵，也吸引了一大批关心和参与科普事业的专家学者，成为推动当前科普事业发展的重要力量。“大学科普丛书”就是这些专家学者科普成果的集中展示。

“大学科普丛书”由重庆市大学科学传播研究会和科学出版社共同策划出版，遵循普及科学知识为基础、倡导科学方法为钥匙、传播科学思想为动力、弘扬科学精神为灵魂、恪守科学道德为准则的宗旨，通过聚焦科学热点问题，集合高校科协科普优质资源，凝聚知名专家学者，秉承“高层次、高水平、高质量”的优良传统，发扬“严肃、严密、严格”的工作作风，以高度的社会责任感和奉献精神，精心组稿创作而成。

2020 年 5 月“大学科普丛书”第一辑 12 种图书出版完毕，内容涉及多个学科领域，反映了当前的科技发展和深刻的人文思考，风格清新朴实，语言平实流畅，真正起到传播科学思想、弘扬科学精神、激发科学热情的作用，深受广大读者青睐。丛书面世后，不仅受到广大读者的欢迎和肯定，还获得多项国家级奖励和荣誉：如《极地征途：中国南极科考日记档案》入选中宣部主题出版重点出版物、国家出版基金项目，《动物世界奇遇记》获得全国优秀科普作品奖、中国科学院优秀科普图书奖，等等。

在总结第一辑经验的基础上，第二辑的图书将更多汇集来自高校和科研机构的优秀作者，以科学技术史、科技哲学、科学学、教育学和传播学等学科为支撑，将自然科学和人文社会科学深度融合，力求带给读者全新的科普阅读体验。

我们诚挚希望有更多热心科普事业的专家学者加入，勠力同心，共同推动大学科普事业的发展，以培养更多的具有深厚科学素养、富有创新精神的大学生，并借此探索一条全面提升中华民族科学素质、推动中国科技发展的新路径！

中国工程院院士
中国材料研究学会副理事长
重庆市科学技术协会主席

2020 年 8 月 31 日

序：科学文化对科学普及的意义

近些年来，在科普领域，几个不同的术语在并行地被人们使用着，如科学普及（科普）、公众理解科学、科学传播、科学人文、科学文化等。由于历史的原因，这些概念彼此间既有较大的重合，又有在细分意义上的差别。如果再扩大些联系的范围，那么，像科学教育和科学幻想等，也都与今天的科普有着千丝万缕的联系。

不过，至少在最原初的意义上，科普这个最常用概念是指所谓的传统科普，后来其他相关概念的出现，也部分地意在修正传统科普的一些问题。如果我们仍然继续使用科普这个概念，就势必要让这个概念所包含的内容与时俱进。

其实，科学文化这个概念，所指称的对象一直是比较模糊，包容很广的。既可以相对狭义地指科学家群体所代表的文化，也可以指更宽泛的与科学相关的各类文化，在后一种意义上，在像科学史、科学哲学、科学社会学、科技政策等对科学的人文研究领域的内容也都与之相关，本书所采用的科学文化概念，应该是在后一种更宽泛意义上的广义的科学文化。大致来说，这样的科学文化概念也应该与另一个概念，即STS更为接近。STS原初是指英文所说的science, technology and society，即科学技术与社会，后来，在20世纪六七十年代又出现了science and technology studies。后者的缩写也是STS，但中文翻译比较困难，也有不同的译法并存，如科学技术学、科学元勘等，它依然是涉及多学科的对科学和技术的人文研究，但研究的立场却出现了一些变化，比原来的STS更倾向批判性的立场。本书所说的STS，也主要是指这种更为新式的science and technology studies意义上的，包括了多门学科在内的跨学科的、以科学为对象的人文研究。

对于科普来说，借鉴这样的视野，显然是更符合时代的要求的。本书也以此为题，在内容上，选取作者近年来发表的一些通俗性文章和将一些对话汇集，其中也包括少量虽然发表在学术刊物上但仍有跨文本可读性的文章，考虑到全书的体例，在收录时删去了原文中的参考文献，有兴趣的读者可以参照出处查找原文。

这样一些对科学文化的议论，从科普的角度来讲，应该是有很强的相关性的，或者，也可以说，对处于大学阶段的读者来说，这也是一种科普！

刘　兵

2020 年 5 月 7 日于清华大学荷清苑

目　录

三、科普阅读

四、科学教育

五、科幻观察

一、科学文化

国内目前对“科学文化”这一概念的使用很多。实际上，对于何为“科学文化”，不同的人的理解是有着非常大的差异的。有关注“科学”和“文化”的关系与互动者，有把“科学”本身作为“文化”之一种者。如果不过于深究对其多样的理解、定义及其间的差异，而是按照更为一般的惯常理解，“科学文化”则可作为范围较宽泛的类别：既可以包括有关科学的人文研究，也可以包括准学术类和普及性的作品，但其最重要的特点，是以人文立场对科学的观察。

“两种文化”命题与科学主义①

自从斯诺②1959年在剑桥大学做了关于“两种文化”③的演讲之后，关于两种文化的分裂、危害与如何弥合两种文化之间鸿沟的讨论一直存在于各种场合，尤其是在教育和科学传播领域。“两种文化及其间的分裂”这一命题的提出，对于引起人们关注这一社会现象及其带来的问题是极有价值的。尽管斯诺在提出这一命题时，有当时的背景和他的立场。在后来，也许人们谈论的两种文化与当初斯诺所关注的两种文化在精确的定义和理解方面有所不同，但在新的发展形势下应用这一概念来看待问题，却仍有其在分析框架上的适用性。也就是说，在不同时代的新的理解中，对于新出现的争议和问题，两种文化的这种分析方式依然成立。例如，国外的“科学大战”，国内的中西医之争、转基因之争等，在实质上也不过是两种文化之分裂在新形势下对新问题之争的新表现而已。

虽然半个多世纪以来，人们一直在努力弥合两种文化之分裂，但实际上，两种文化的分裂问题并没有在根本上得到解决，甚至在局部还有变得更加严重的趋势。其间当然有多种原因，不过，在两种文化分裂的表面现象的背后，更为深层的科学主义和人文主义立场的分歧应该是一个重要的原因。

---

① 此文原刊于2019年5月17日《中国科学报》，收入本书时内容略有调整。

② 查尔斯·珀西·斯诺（Charles Percy Snow，1905年10月15日—1980年7月1日），英国科学家、小说家，著有《船帆下的死亡》《两种文化》等。

③ 指人文文化与科学文化，简称两种文化。

其实我们可以注意到，在斯诺刚刚提出这一命题时，他的科学主义立场的表现就似乎已经预示了后来的某些倾向。对此，我们可以注意到在新版的《两种文化》一书中，由斯蒂芬·科里尼（Stefan Collini）所撰写的那篇几乎占到全书一半篇幅的“导言”中的总结和评论。

正如科里尼所注意到的，“很显然，斯诺吸收了关于科学的一个确定的文化概念，在那些年里，尤其是在那些‘进步’的科学家和激进的科学发言人当中，这个概念显得特别充满活力。”而且，斯诺更为渴望科学精英的统治，他对作为两种文化分裂案例的剑桥文学圈的那种轻慢态度颇为反感。在斯诺这篇重要演讲的前期准备文章中也表明，两种文化的概念“在多大程度上是被对所谓‘文学知识分子’的敌意激活的”。“他确信科学家群体比‘文学知识分子’群体有更多的‘道德健康’。他声称，科学家本性上就是关心集体福利和人类未来的。”

由此可见，从两种文化命题提出的一开始，提出者就不是站在一个中立的立场上，而是带有鲜明的科学主义倾向的。在两种文化命题被人们普遍关注之后，虽然人们在要弥合两种文化的分裂这一点上似乎并无异议，但在对待两种文化的不同态度、不同评价，以及由之而来的如何弥合两种文化的不同方案中，科学主义立场和人文主义立场的分歧还是非常明显的。当我们关注两种文化问题时，不能不注意到这种更深层次的在立场上的差异。

因此，也正如科里尼在“导言”中所指出的：“若要了解斯诺演讲以后事情是怎样变化的，就不能径直把他的分析当作一个没有疑问的出发点。至于斯诺的中心思想在此后几十年里失去了一些市场，这不仅是由于概念本身的不可避免的老化过程，也是由于产生了重要的思想和社会变迁。”实际上，从今天相关的学术研究进展来看，虽然争议依然存在，但像“文化相对主义”等思潮的影响也越来越大。如果我们在两种文化之争中，不能将科学文化和人文文化赋予同等的价值（这种不平等的态度在后来，甚至当下的许多争论中经常可以见到），而是预设性地偏向某一方（在科学主义盛行的背景下自然会偏向科学文化一方），那么，一种可能性是，给根本地解决两种文化的分裂带来极大的难度；另一种可能则是，即使强行解决了其间的分裂，也只不过是用其中的一种文化来压制另一种文化，并不是真正意义上平等的弥合。例如，像后来某些人倡导的所谓“第三种文化”，其实质上，不过是在主体上以科学文化的强势表现作为特征的科学文化的变种而已。

因此，如果我们仍然认为两种文化的分裂还严重地存在，仍然认为还有弥合其分裂的必要，那么在这样的努力中，应当注意到争论从一开始就存在的科学主义倾向，避免科学主义的强势立场，真正坚持文化的平等。或许这样才能带来理想的文化融合，并解决两种文化的分裂所带来的危害。

百年之后再读《敬告青年》①

五四运动是在百年之前以青年学生运动为起始、以青年为主力的爱国运动，也是中国新民主主义革命的开端。陈独秀于五四运动之前，在作为中国新文化运动之起始标志的《青年杂志》上发表的第一篇文章——《敬告青年》，可以说是一份新文化运动的宣言书。这篇文章既在相当的程度上体现了在五四运动中青年们的特质，也是直到今天仍然值得人们反复阅读和思考的经典文章。在纪念五四运动百年之际，重读这篇文章，会发现其中仍有诸多可让人们思考和警醒之处。

在此文中，陈独秀提出了对青年的六种期望，即“自主的而非奴隶的”“进步的而非保守的”“进取的而非退隐的”“世界的而非锁国的”“实利的而非虚文的”“科学的而非想象的”。在当时的社会文化变革之际，这六种期望可以说是代表了一种前瞻性的立场，包括了在人文与科学方面的理想追求。

百年之后，社会有了巨大的发展，文化有了巨大的变化，科学有了巨大的进步。然而，我们再看今日的青年，是否也达到了陈独秀百年前的预期呢？这似乎是一个很值得思考和讨论的问题。

其实，在这百年间，社会的变化也是起起伏伏，并非一帆风顺，社会发展所经历的曲折，也构成了对青年的新的历练。如果说，当初主要是以反对封建礼教和追求科学与民主为主要目标，具有某种激进的特点，也体现了那个时代的特殊性，那么，后来随着时代的发展，许多新要素的出现也为青年的理想发展带来了新的要求。但作为基调，当

---

① 此文原刊于 2019 年 4 月 24 日《中国科学报》，收入本书时内容略有调整。

年陈独秀提出的期望，仍然可以说是非常核心、最为基本的，甚至可以说是作为底线的要求。

那么，在对比之下，就当今最普遍、平均的情况来看，青年是否理想地达到了这些作为底线的基本要求呢？毋庸置疑，比起陈独秀提出这些期望之时，显然是进步了许多。但如果就理想达到的目标而言，仍有差距，仍有需要继续努力之处。这大概也是一种说得过去的判断。

在有限的篇幅中，也许难以一条一条详细地比照、检讨今日之青年是否逐条达到，或没有理想地达到了陈独秀的期望。但在总体的精神上，在《敬告青年》开篇部分，陈独秀便提出："青年如初春，如朝日，如百卉之萌动，如利刃之新发于硎，人生最可宝贵之时期也。青年之于社会，犹新鲜活泼细胞之在人身。新陈代谢，陈腐朽败者无时不在天然淘汰之途，与新鲜活泼者以空间之位置及时间之生命。人身遵新陈代谢之道则健康，陈腐朽败之充塞细胞人身则人身死；社会遵新陈代谢之道则隆盛，陈腐朽败之分子充塞社会则社会亡。"如果仅就此作为一种总体性的精神面貌来衡量，那么，至少在今天部分青年人所表现出来的过于关注个人得失和由之带来的功利性的对于个人经济利益的过分在意和追求，对青年人本应具有的社会责任感的丧失，对于科学之淡漠，对于物质享受之过度沉溺，对于青年人朝气与进取精神之缺失，如此等等，虽然不能说代表了青年整体的形象，但至少还是在一定比例的青年人中存在着，与陈独秀心目中理想之青年有着不小的差距。

其实，在不同的时代，对于同样的文字，人们的阅读感受和理解也会有所变化，但如果不是局限于对字面含义之变化的争执中，而是在一种整体意象的理解中，我们仍然可以说陈独秀当年提出的期望，依然代表了一种向上的、进取的、有活力且表现出青年人应有之朝气的青年形象。在这种意义上，在检讨和认识存在的差距的前提下，要追求和达到理想的目标，还是需要继续努力的。

关于霍金[①]

活字文化：您能否用一个词或者一句话概括您心目中霍金的形象？

刘兵：如果选一个词的话，我愿意用“不可思议”。这背后包括了很多东西——他的身体、学识，以及影响之间形成的巨大反差。他的巨大贡献和他糟糕的身体状况，对比之下，突出了这个“不可思议”。所以我愿意用这个词来概括他。

活字文化：有一种观点认为，霍金其实没有多么伟大，他的名声与他在科学上的真实建树相比被远远夸大了，他的享誉世界主要来自他作为科普作家的一面，而非物理学家的一面。在您看来，霍金是当代的一流物理学家吗？如何公平地看待他的这两面，二者应该各占几几开呢？

刘兵：对于这个问题，人们当然都可能有不同的观点、不同的评价。在我看来，两方面确实都成立。霍金确实应该说是一个重要的、了不起的科学家，一个可以说是伟大的科学家。但这牵涉一个问题——多伟大才叫伟大？我们按什么样的标准来判断一个科学家的伟大与否？

比如我们说牛顿伟大、爱因斯坦伟大，但那是因为他们处在特定的科学革命的时期，他们方才能够做出那些具有划时代意义的成果。而其他的科学家很难有这样的机遇。到了所谓的“常规科学时期”，就几乎不

---

① 此文系 2018 年 3 月 14 日作者接受“活字文化”微信公众号采访的记录。

会有这个意义上的伟大科学家了。那么，在这种时期，对科学的一些具体领域做出特别突出的贡献——如霍金的宇宙学研究，他对黑洞量子辐射的贡献——这就已经是非常了不起的成就了。

但与此同时，确实也更无可否认霍金对于公众传播所造成的巨大影响。这是今天世界上所有科学家都不可比的。更难得的是，这两个了不起的方面，能结合在同一个人的身上，这是第三个了不起。所以我觉得，无论从哪个方面看，霍金的了不起都是显而易见的，这不是一个哪方面过于偏颇的问题。

活字文化：据说霍金的代表作《时间简史》在全球共卖出了 3 亿多册（一说 3000 万册），甚至传说仅英文本的发行量就仅次于《圣经》，远超莎士比亚，您认为这本书如此成功的原因何在？

刘兵：这本书的成功有很多因素，特别是成功的营销运作。这包括背后的一些条件在支撑，比如刚才我们说的霍金的身体状况，他的身残志坚所形成的那种强烈反差；也包括这本书在后来甚至营造出一种“如果不了解霍金就很无知、就很不时尚”的气氛……这都是一些营销上的成功。我觉得也确实是如此。

正因如此，当年我给湖南科学技术出版社策划的广告语，就是“阅读霍金，懂与不懂，都是收获”。除了《时间简史》以外，他们后面出的《果壳中的宇宙》等，都一直在沿用这条广告语，也是有这样一个意味在其中。霍金毕竟有这样的影响力，能够用这些作品吸引人们关注这些问题、读这些书，这本身也是一种成功。

活字文化：近年来，霍金在许多公开场合都表达了对人工智能、转基因技术等前沿科技的担忧，甚至被一些媒体视为“预言家”。例如，他生前最后一次出现在新闻中，就是去年 11 月预言“2600 年的地球将变成一个大火球”，您怎样看待他的这些担心？哪些是有道理的，哪些则不免有危言耸听之嫌呢？

刘兵：这个问题我觉得很有意思，很值得说。当然有人会觉得霍金是危言耸听，或者是炒作。但我认为，对于一个科学家来说，尤其是霍金这样一位顶级的科学家、有影响力的科学家，他能够关注社会问题，他能够注意到，甚至敢于大胆地谈论科学技术同样也可能带来一些人们未曾预料到的危害性的后果、负面的影响——这件事本身就很了不起。实际上，这本身就反映了一种人文的立场。我觉得这在科学家群体中是非常难得的，尤其是霍金这样一位有巨大影响力的科学家，他说这些话的意义就更为明显。对此我认为不应该简单地、片面地予以评判，而应该公正地看待他所秉持的人文立场和承担的社会责任。

活字文化：尽管霍金在专业领域和公众领域都拥有巨大的影响力，但诺贝尔奖为什么一直未曾垂青于他？是他本人的成果的确未能“达标”，还是可能另有原因呢？

刘兵：我们知道，诺贝尔物理学奖通常颁发给的是一些所谓的“可以验证的理论”，一些可以通过实验观测到和证明的结论。但对于霍金而言，部分是因为他所从事的是理论研究，尤其是宇宙学的研究，而这和可以通过实验观测的物理学，和这一类研究所追求的那种明确性，是距离比较远的。并且，不仅霍金，我们去看其他真正做宇宙学理论研究的物理学家，能获诺贝尔奖的也是凤毛麟角。所以，我个人认为这是霍金终其一生都没有获得诺贝尔奖的重要原因之一。

基础研究、哲学与科学传播①

近来，如果关注像微信公众号文章之类的帖子，会发现有诸多涉及科学的基础研究与哲学、佛学、神学等之间关系的内容。例如，说“科学的尽头是哲学，哲学的尽头是佛学”等。这类的帖子也引起网友的激烈争论。

实际上，类似的话题并不是什么新话题，在很久之前就有了诸多讨论。这里，如果我们先抛开更有争议的像“哲学的尽头是佛学”之类的说法，而就科学，尤其是科学中的基础研究与哲学这一已被人们讨论已久的话题，再进行一些简要的分析与总结，其实还是有一些观点值得说一说的。这对于面向公众的科学传播，也是有些借鉴意义的。

从科学史来看，近代科学的源头，正是哲学（尤其是古希腊的自然哲学），这一点显然没有什么争议。

近代科学的形成，表面上，似乎是科学与哲学脱离了关系并独立出来。但实际上，从科学史上来看，在更深的层面上，科学从未真正地与哲学完全分离。一个最有代表性的例子就是，那些大科学家，尤其是那些超级大科学家，几乎都不回避对哲学问题的思考，并经常公开地进行与其研究内容相关的哲学讨论，甚至发表著作和文章。相反，倒是那些虽然也在进行科学研究，但却只限于进行更具体的技术性问题研究的科学家才会避而不谈哲学。这通常是人们区分大科学家和普通科学工作者的标志之一。

一般地讲，我们可以这样认为：其实，科学是以自然为对象的研

---

① 此文原刊于2017年4月24日《学习时报》，收入本书时内容略有调整。

究领域，而人们要对自然进行科学的研究。科学方法的变革，是近代科学产生和发展的重要基础，而科学方法本身，又与哲学密切相联；在对自然的研究和认识中，人们的自然观本身的作用更是不可忽略。在20世纪，就量子力学来说，玻尔和爱因斯坦这两位科学巨匠长达几十年的争论，既是科学争论，更是哲学争论。

如果说科学家们因其最直接关心的内容，所以更接受科学一方面，而哲学只是潜在地（但又确确实实地）影响着其研究，他们也许不会太专门关心这个话题。但以科学和科学家（以及他们的工作方式）为研究对象的科学哲学、科学史、科学社会学（尤其是近年来兴起的科学知识社会学）等学科的研究，恰恰越来越多地展示和表明了：科学，尤其是其中的基础研究，从来就不曾和哲学彻底地分离过，而且，研究越是深入，其间的关联就越密切。

当然，也有人根本看不起这些以科学为对象的学科的研究，也根本无视那些重要的科学家并不回避哲学的事实，只会固执地坚称科学就是与哲学无关。对于这样的人，恐怕就只能说他们的视野太狭窄了，如果真的做科学家，恐怕也就是一般般的、小打小闹地解决一些具体的技术性问题的普通科学工作者了。如果说这些话的人不是科学家，那么，他们的立论，又是来自什么样的研究基础呢？

制约我国基础研究发展的两个深层原因[①]

关于基础研究，我们其实需要比较严格地做出某种界定，有某种约束。我们所说的基础研究，其实有一个重要背景，就是西方科学进入我国以后，我们按照西方科学这种模式开始从事研究。这种西方的科学既有纯粹理论性的、以人类认识和理解自然为目的的，也有以某种应用为取向或潜在取向的。前者，即所谓的基础研究。但是，当初我们引进西方科学时，还有另一个重要的背景：那时候正值中华民族面临西方列强的威胁，是为了救亡图存，为了发展，为了应用，因此引进西方的科学有着很强的功利性目的。当时讲“德先生”和“赛先生”，其实“赛先生”并非只是指向基础研究的纯科学，而是在“科学”这个字眼下包括的可以造出坚船利炮的技术。

这种基于应用的目标，功利地引进的西方科学，一是与过去中国传统中立足于另外的范式和价值取向的中国古代“科学”，在体系上几乎完全不同；二是对这种引进和所要发展的西方科学的价值预期也是非常明确的，就是为了救亡，挽救民族，要强大，要不挨打和能够反击。所以说，从根儿上，我们所讲的科学就有一个很强的功利性目标，其重点就是，不会对以认识自然为导向的基础研究有足够的重视，这种历史烙印可以说一直持续到今天，且没有完全消除掉。所以我们总是在强调科学作为生产力的时候，甚至在制定基础研究的计划时，论证其潜在的社会经济价值。

当然，也有某种有所不同的价值导向出现，但仍然是带有某种功

① 此文原刊于2017年第4期《科学与社会》，收入本书时内容略有调整。

利性的。例如，近些年来，虽然我们仍然在谈论对基础研究重视不够，但如果某个领域的基础研究有获得诺贝尔奖之类的潜在前景，还是肯加大经费投入的。其实，这只不过是另一种功利性的导向而已，很有些像我们在体育方面的发展策略，即所谓金牌战略。其潜在心理，就是将这样的荣誉变成国家形象的一部分，成为国家实力的象征。在体育中，基于金牌战略，我们确实获得了不少金牌和冠军，但其代价是对以全民健身为目标的公众体育投入的减少，虽然获得了国际荣誉，但公众体育却水平低下。在科学的基础研究中也存在这样的风险：如果只以有希望获奖的少数、个别基础研究项目为重点投入和培育目标，其代价当然也就是面上、在更大范围的基础研究上的投入减少，从而导致国家整体科学实力的薄弱。

另一个制约我国基础研究发展的深层原因，也与这种功利性相关。因为对这种功利性前景的特殊关注，所以政府对基础研究的干预还是比较多的。但在政府干预过多了后，就有一个问题：会形成一种新的逻辑，即官员的政绩逻辑。包括平时对基础研究，甚至非基础研究的管理来说，其实人们现在讲得很多的具体的问题，不管是资源分配、科研考核，还是评价，或者制定具体措施和政策，评项目等，从导向上看，本质上都是官员政绩的折射。一旦变成政绩了，那就会要求快出政绩。官员的任职是短期制的，在任期间要搞出可见的成果才行，这么一个功利目标与政绩结合起来，就出现了要加速、要快的问题，而没有时间去慢工出细活，甚至于不能允许失败。但这样的科研即使得到了成果，也未必是最好的科研。

如果承认一项基础研究的重要性，就要从根本上排斥功利性的东西，这才能真正体现基础研究对文化的价值和对整体实力的长久价值。此外，伴随着这种追求政绩的管理，管理者还有一种潜意识，即官员觉得基础研究的成果是可以规划出来的，是可以抓出来的。其背后的根源是计划经济的思路始终没有完全摆脱。其实，基础研究就其特征来说是具有不可预期性的，由于这个特点，因此就应该有一个常态的、正常的、常规的学术环境。我们总是讲赶着上什么新一轮科学技术的革命，希望能利用科学革命的契机。这种思维模式也有问题。

其实在正常的科学发展中，非革命性的常规科学占据了最多的时间，要有耐心来培育。否则，就会总想要去创造革命，就会总是在折腾。持续不断的折腾，也是对基础研究的干扰之一。现在，研究上的经费投入是多了，经费多了以后，大家就开始发愁怎么花钱，怎么争荣誉和怎么通过考评。

正是这两个深层的原因，从根本上制约了我国基础研究的顺利发展。其他的，可以说都是具体的、表面的问题。根本原因得不到解决，有再多的措施也不起作用，都只是治标不治本的暂时缓解性手段而已。

出版物中语言的规范要求与日常语言的距离是多少“千米”？①

作为在科学史领域中从事教学、研究、写作的人，在做自我介绍时，我通常会说自己是一个科学史的研究者，或者说科学史工作者。这两种说法其实在修辞上都有着国内的语言烙印，因为用英文来说，本应是 historian of science，标准的翻译就是“科学史家”，但在中国的语境中，说“家”便有自大、不谦虚之嫌，尽管我在翻译国外文章时并不会绕来绕去地也替别人谦虚地译为科学史工作者；在国外交流时，也会直接使用 historian of science 而不会觉得有什么不妥。显然，这是在不同文化背景和语言环境中，对同一对象的语言描述、理解与接受方式上有特色的差异的表现之一。

作为科学史工作者，更具体地说，作为一个在高校从事科学史教学和研究的教师，或者说学者（这一称呼在某些场合用来指称自己似乎又有些自大之嫌），主要的工作便是讲课、指导学生、读书和写作。其实，这些日常工作，都与语言的使用相关，因而会对语言相关问题有些想法或感触，也是很正常的。但在现在学术研究分工愈发细化和强调专业性的情形下，语言研究也是一专业学术领域，非语言学科专业的人要讨论语言问题，从学术专业化的角度来说，似乎是一种越界。但语言的特殊性又在于：它偏偏也是非语言专业学科研究所要使用的东西。一个使用者对于自己使用的东西有想法，即使不那么专业，或

① 此文原刊于 2018 年第 5 期《语言战略研究》，收入本书时内容略有调整。

许也还是可以被宽容地允许的。尤其是，当语言研究与现实中对语言使用的管理相联系时，更有许多可以“吐槽”之处。

在撰写期刊论文或出版图书时，曾有一种非常强烈的感受，即编辑们在编辑作者的文字时，会非常严格地按照出版物文字使用规范来进行修改。有时，当作者觉得这种规范并不合适时，却又毫无办法。因为编辑会解释说，如果出现了不规范的情形，出版物便会被认为有差错，而差错率又是考核出版社和编辑的硬性指标。于是作者就面临着一种两难的选择：坚持自己的文字用法，会让编辑和出版社为难，甚至导致无法出版；顺从那种规范的要求，又实在令作者难以接受。其实，这里关键的地方，在于对语言文字在出版物规范中的要求是否合适？应该由谁来制定规范？规范的强制性是否过于硬性？当这种强制性的规范与社会上人们对语言更广泛的使用习惯不一致时，是否仍有合理性？

举个例子吧。在涉及诸如科学、科学史等方面的出版物中，无论是学术性的还是通俗普及性的读物，对计量单位使用的某些强制规范，就非常令人费解。例如，距离，就一定要用“千米”，而不能用“公里”，更不能用“英里”“英尺”“英寸”了。但在现实的日常语言中，有多少人会用“千米”来作为距离的单位？如果人们在说到距离时真要是用“多少多少千米”，不会显得很怪异吗？更极端地说，那还像是正常人在说话吗？

退一步讲，如果说在作为与普通人日常生活关联并不密切的学术交流中，使用一些与日常语言表达不太一致的专门概念还或可为某些规范辩护的话，那么，在明明是面向普通公众进行传播、普及的出版物中，为什么还一定要用那些人们在日常语言中极少使用的概念呢？这种不一致，究竟是为了用语言来达到有效的传播、普及，还是为有效的传播、普及制造障碍呢？语言的规范化，本来就应顺从在自然的社会环境中人们普遍的使用习惯，而我们在出版物中的那些并不符合这种要求的规范，为什么改变起来又是那么的困难、那么的滞后呢？

再退一步，如果文字内容涉及的是历史，历史上的人物会用屈从于今天这些强制性规范的方式来讲话吗？比如，在科学史读物中讲到牛顿，牛顿会用“多少多少千米”这样的方式来说话、来写作吗？如果不能，那我们硬要在中小学科学教材和科学史普及读物中一律使用“千米”作为距离的单位，那反映出来的还是当时的历史场景吗？我们经常看到有人嘲笑一些电视上所谓的“历史剧”中的人物用今天的语言在说话，并觉得这很可笑，但实际上这不是正与在规范下要求用今天的概念来写作、表达，在逻辑上很有相似之处吗？在那些强制性规范下，如果我们真要以更接近当时历史实际的方式去描写历史，我们写出来的文字，能够出版吗？

对于这样怪异的现象，人们当然可以质疑。极端些讲，或者用学术的语言来讲，也许可以说在这些并不合理的强制性规范背后，有着明显的“权力”的影子。而用调侃的方式，我们也可以问：出版物中语言的规范要求与日常语言（我更愿将此看作“正常语言”）的距离是多少“千米”？

从社会建构论的视角审看科学史[①]

王延峰是我在上海交通大学（简称上海交大）科学史系（现在已经成为科学史与科学文化研究院了）作为兼职教授所指导的第一个博士研究生。如今，他已经毕业了十多年。通过这十多年的积淀，他将博士学位论文完善、扩充成为现在这本专著，并终于要出版了，这实在是件可贺之事。

当年，王延峰大学毕业后，本已走上了一帆风顺的仕途，但对学术的热爱，让他选择了报考科学史专业的研究生，并在毕业后留在上海交大任教。一路做下来，到今天这本专著的问世，确实证明了他对学术之追求的理想和为之努力奋斗的决心与成就。

由于他本科学习物理专业（如今在科学史这个行当的新一代的研究生中，物理学专业背景的学生已经很少了），又希望做物理学史相关的题目，因此，我建议他的博士学位论文方向是以皮克林[②]为对象，将其《建构夸克》一书作为切入点。我提出这一选题建议，也是与我对于科学史和 STS（Science and Technology Studies）中的社会建构论的兴趣有关，而且，就物理学史来说，这方面的研究相对要更少，所以尤其值得关注。

虽然从建议这一选题起，直到现在，对于 STS 中社会建构论的研究在国内越来越多，但在这一流派中，皮克林的早期经典著作《建构

---

① 此文系为王延峰即将出版的著作《皮克林科学哲学思想研究》所写之序言，收入本书时内容略有调整。

② 安德鲁·皮克林（Andrew Pickering），美国伊利诺伊大学厄巴纳-香槟分校社会学教授，著有《实践的冲撞：时间、力量与科学》等。

夸克》一书，却鲜有人认真、系统地进行研究。这显然是一种缺憾。我猜想，其中的原因之一，也许是因为该书与其他重要的社会建构论经典著作相比，涉及的物理学前沿内容偏多，理解与研究要相对困难，而且需要较好的物理学背景。但该书的确已经成为科学社会学文献中引用率极高的著作之一，成为科学社会学的经典之作，是不应该被忽视和绕过去的。

王延峰通过自己的努力，很好地完成了其博士学位论文。为此，他克服了各种困难，如同他在后记中所说的，甚至还到上海交大物理系旁听“量子场论”等课程，并担任物理系本科生“数学物理方法”课程的教学助教。这让我联想起，当年我在中国科学院研究生院读研究生时，导师赵中立先生、许良英先生也专门要求我们几个物理学史的学生一定要选修院里本是专门给中科院理论物理所的研究生开设的“量子场论”课程，并以同样的要求参加课程考试。如今，在科学史领域中，能对学生有这样要求的地方确实已经不多见了。

除了对物理学专业方面的要求之外，对皮克林的科学史的编史学研究工作，还需要更大量的其他相关领域的广泛阅读基础。这也是研究的困难所在。好在王延峰能够沉下心来，在毕业之后，并没有马上就仓促地将其博士学位论文出版成书（那样做，在个人职业发展上的好处是显而易见的，但在学术理想上的代价也同样显而易见），而是又经过了将近10年的潜心打磨，并对博士学位论文原本没有涉及的皮克林后期在STS领域中的新的大量工作也进行了深入的研究，把原有且又经反复修改完善的工作和新的研究工作结合起来，写成了这本可以说是目前国内对皮克林研究得最为系统、深入的专著。

该书的具体内容，在此无须多谈，读者自可从该书的正文中去了解并做出评判。但就此研究的意义，还是值得在此略谈几句的。也正如王延峰在书中所说的：“在国内，近十年来逐步有学者介绍和分析社会建构论的主要抱负及其对科学哲学、科学社会学的可能影响，但大多仍停留在介绍性的层面，专题性的研究还比较少，尤其对实验案例的深入研究还不够；对‘科学大战’的根源及意义的分析也不够，且大多对社会建构论采取简单否定的态度，还缺乏学术性的深入探讨。对皮克林的实践转向的意义，以及近十年来其‘科学技术论’研究的新进展仍处于初步介绍阶段，对其带来的社会学、哲学观念的影响还缺乏深入的考察。”该书，正是针对这种现状而进行的有特色的研究工作，从历史解释开始，然后扩展至对皮克林的哲学和社会学分析，最后对其科学史观、编史学方法和哲学本体论观念做一个总结。因而，我们在该书中可以看到对皮克林的《建构夸克》的详细的科学编史学分析，可以看到对皮克林后期转向实践研究的工作的讨论，可以看到皮克林从 STS 的后库恩解释学向后人文主义的转变；从建构到纠缠，从认识论向本体论的转变。尤其是，我们通过这些对皮克林的研究工作，可以理解皮克林（就如他自己曾多次表示的那样）是如何以物理学家出身，最终走到了现代物理学世界观的对立面的。

因而，这本书兼具了科学编史学研究、STS 的社会建构论研究、科学哲学研究和科学社会学研究的多重性质，也为上述各相关领域的学者提供了大量的信息和作者本人的思考，对这些领域的研究工作具有重要的推进作用。

近些年来，我指导的许多博士生都将其博士学位论文正式出版了，但也正是如前述的原因，我觉得，该书在这些基于博士学位论文出版的专著中，应该是研究得最为深入的作品之一。

最后，引用一句作者对皮克林的评价，可以让读者对该书的立场、倾向和意义有另一种超越具体学科的有价值的理解：“他对西方现代文明的批判反思，以及构想一个更加宽容的、多元和谐共存的未来新世界的倡议理应得到世人的尊重。”

科学哲学与科学史的互动①

在科学哲学和科学史界，有一种非常经典的说法，即“没有科学史的科学哲学是跛子，没有科学哲学的科学史是瞎子”。尽管学者们在相当的程度上，或者说在原则上对此说法基本是认可的，但科学史和科学哲学依然是两个彼此相对独立的学科，其间仍然有着很大的隔阂，科学史家和科学哲学家彼此之间仍然有着不小的偏见，真正能够将科学史和科学哲学完美结合的工作并不是很常见。

除了从事具体的科学哲学和科学史研究的学者，关注科学哲学和科学史两者关系的，还有第三种人，即从事科学编史学研究的学者。科学编史学，是以科学史家和科学史家们写出的科学史为研究对象，从理论的层面关注科学史研究中的各种进路、思潮、方法等。在这当中，科学哲学思想对于科学史的影响，也自然是科学编史学研究的核心内容。当然，除了前面提到的科学哲学家和科学史家的关系并不是很和睦这一背景之外，也由于长期以来从事具体科学史研究的科学史家们的某些偏见，因此科学编史学也不是那么突出地被关注，还是一个成长中的弱小学科分支。

尽管如此，科学编史学的重要性，无论是对于科学史家，对于科学哲学家，对于科学家，还是对于公众来说，仍然是不可忽视的。因为，除了直接或间接、明显或潜在地对科学史的撰写和阅读产生影响之外，科学编史学的另一功能，就是带给人们对于科学史的理解的更多

① 此文系为王晶金的《证伪主义与科学史》（西北工业大学出版社，2019）一书所写的序言，收入本书时内容略有调整。

思考。而在涉及科学哲学与科学史的关系的问题上，同样也是可以带给人们对于科学哲学本身的更深入的思考的。

该书是关于科学哲学中非常经典的证伪主义理论对科学史、科学编史学的影响的系统、深入研究。该书作者王晶金，曾随我在清华大学读科技哲学（科学编史学方向）的博士，她的博士学位论文即该书的雏形，就是对证伪主义科学编史学的研究。应该说，这样的研究是非常困难的，既要对科学哲学有很好的掌握，也要对科学史有相当的了解，才能游刃有余地穿行于两者之间。但王晶金很理想地完成了她的博士学位论文，并在博士毕业后，继续完善、扩充对其博士学位论文的这一主题的研究，形成了目前的这本专著。该书的出版，对于科学编史学学科在国内的发展来说，也是重要的进步。

最后，就该书涉及的科学编史学研究，还可以再提两点特殊的意义。其一，即科学哲学中的证伪主义本是科学哲学领域里非常经典的学说之一，而该书在对证伪主义科学哲学观点进行系统梳理的基础上，集中分析讨论了对证伪主义科学编史学有重要贡献，同时就这种编史纲领对重要的科学史具体研究的阿伽西的案例进行分析，使得理论分析与案例分析相结合，有理有据。尽管这些讨论研究的科学哲学和科学史工作并非当下最前沿的研究，但对于这些经典工作，却也一直没有从科学编史学的角度做系统的梳理，因而，这样的研究确实是填补了科学编史学研究中长期存在的空白。其二，科学哲学中的证伪主义学说，虽然并非科学哲学中的最前沿观点，但与其他科学哲学学说相比，这一经典学说却一直突出地为众多科学家们所喜爱。甚至直到最近，在许多科学家们谈论或争论有关科学史、科学文化的问题时，仍然不时地会引用证伪主义的观点。但实际上，那种比较表面化的对证伪主义科学哲学和科学史的理解，大多还是不够专业的，尤其是对于其存在的问题和困难的理解并不充分。因而，系统、深入地研究证伪主义科学编史学，对此现象也还是有着特殊的价值的，希望那些关心证伪主义科学哲学的科学家、科学史家，也能从这一研究中有所获益。

社交，就是要穿越屏障①

科学，除了一般性地被看作是对自然的认识之外，亦是一个极其复杂的社会现象，对于科学之本质的更加深入的认识和理解，需要有来自多方面的、多维度的探讨，需要有多学科之研究成果的支撑。该书作者以“科学社交”维度为主题进行研究，而社交本身也意味着一种对于屏障的穿越，否则就无所谓“交”。因而，对“科学社交”的研究，也就更需要有跨学科的视野。按照该书作者的定义，“‘科学社交’是科学人士或科学共同体深入社会的实践活动，它也是科学传播的重要路径。”“科学社交从古至今是一种社会历史的传承，它不仅是科学传播的重要实践活动，同时也是科学穿越各个领域边界，逐步向社会各个阶层渗透的重要传播路径和渠道，更是一种社会生活的存在方式。”而该书中讨论的“科学社交”重点以科技人员或科学共同体与科学圈外群体的社会交往作为研究对象。显然，这是非常有意义和价值的探讨。

通常，进行一项有价值的研究，需要来自某个学科的理论支撑。对“科学社交”的研究亦是如此。在以往的研究中，从某些学科的角度对“科学社交”的研究还是有一些的，尽管不一定明确地采用了“科学社交”这一概念。而该书作者最重要的理论支撑，则是来自传播学的。作者将该书的副标题定为“科学社交视域下的科学传播研究”，也表明了这一点。

当然，传播是一个非常宽泛的概念。科学传播大致可分为科学共

---

① 此文系为侯蓉英的《穿越边界——科学社交视域下的科学传播研究》一书（九州出版社，2020）所写之序言，收入本书时内容略有调整。

同体内部的信息传播，以及科学共同体与科学共同体之外的群体的信息传播。传播学中许多已有的理论和模型，也确实会给对“科学社交”的考察带来重要的启示，但与此同时，人们现在在使用科学传播这一概念时，又经常是有所特指的，如科学共同体内部因研究之需要而进行的科学交流，以及科学共同体与科学共同体之外的群体的互动，即经常被称为公众理解科学或科普的交流活动。因而，按照该书作者对“科学社交”的定义，科学传播与“科学社交”还不是完全等同的。

除此之外，从“传播”或“社交”的内容上来说，这两者也并不完全等同，尽管其间也还存在着密切的关联。因而，该书并不应该被仅仅理解为狭义的科学传播研究。也正因为如此，该书作者打破了传统的研究策略，既充分利用了以往已有的相关研究的成果，又采用了从多学科的视角来进行考察的方式。这里面，尤其是包括和吸收了来自像科学史、科学社会学，当然也有科学传播学这些学科的视角和已有成果。而从对象上，则除了理论分析之外，更是基于历史上的经典案例，以及当代的典型案例，考察了中国现当代“科学社交”、传播个案及问题。正是这种跨越学科，打破学科之间的屏障的研究，使得作者能够有所发现，能够提出一些让人们进一步思考的问题，为人们思考和理解科学的本质提供了借鉴，也为相关传统学科对科学中的“交流”的研究提供了参考。这也正是该书的重要价值所在。

当然，所有的研究都不会是十全十美的，在有突出特色的同时，也会付出某些代价。就该书而言，如何能够把这种多视角、多侧面的研究完美地整合在更为逻辑一致的框架中，是作者以后可以继续深入探讨的方向。

重要的关注[1]

人工智能，现在已经是一个非常热门的概念了。从各种媒体的报道来看，无论是国家政策、科学研究，还是产业开发，都紧密地围绕着这个虽然早已有之但却在近年来越发成为热点的话题，颇有不扯上人工智能就会落伍，就会被时代抛弃的感觉。甚至连通俗的网络文学中，都有许多人工智能的主题。连带地，也出现了许多与严格或不严格意义上的人工智能研发、应用相关的争议，例如关于人脸识别与监控的广泛应用引发的争议。

其实，关于研究、开发人工智能的争议早已存在。在最根本的层面上，这实际上是一个涉及发展观的问题，即人们在强调发展时，是为了什么而发展，以及怎样才算是理想的发展的选择的问题。同时，这也是一个科学观的问题，即人们发展科学技术并将之付诸应用，在根本上是为了什么，以及对科学技术的不确定性和可能带来的风险的认识的问题。正像作者在该书中提到的，2014 年底，英国广播公司报道，著名理论物理学家斯蒂芬·霍金（Stephen Hawking）曾表示："人工智能的全面发展可能导致人类的灭绝。"就算没有这样极端，人们至少也无法否认人工智能的应用会带来的就业问题等几乎已经初见端倪。

就作序者本人的立场来看，应该说是比较极端地反对像现在这样一窝蜂地极力研发人工智能的。我想，持有类似观点的人也应该还有

---

① 此文系为杜严勇的《人工智能伦理引论》（上海交通大学出版社，2020）所写之序言，收入本书时内容略有调整。

一些，更有许多人或许是因对可能带来的问题未加深入思考，或是因持一种强科学主义的信念而拥护人工智能。正像该书作者所指出的，在我国学者的讨论中，从事人工智能研究的学者几乎普遍对人工智能的未来持乐观态度，认为目前的人工智能技术不足以威胁人类。而江晓原教授则对之反驳说："我们都知道'养虎遗患'的成语，如果那些养老虎的人跟我们说，老虎还很小，你先让我们养着再说，我们能同意这样的论证吗？"

但无论有什么样的争议，我们毕竟生活在现实的世界中。在这个现实的世界，存在着国家利益、经济利益的竞争，存在着不可阻挡的要发展更新、更高、更强科技的在观念上和利益上的追求，就像过去许多哪怕人们已经明确认识到本是会威胁人类生存的科学技术的应用，如核武器和生化武器之类，也仍然难以阻挡其被发明出和来付诸应用。人工智能显然也是一样，在现实中，其发展似乎也无可阻挡。但也正因为如此，面对现实和未来的人工智能发展，对其存在的伦理研究，就有着更加迫切需要！

就像一度在学界流传的一则笑话一样，说不同的院校因不同的传统，对想象中可能要发布的一个研究——开发、制造椅子的课题持有不同的态度：有的不管三七二十一直接就把椅子造了出来，有的关心这样课题能带来多少篇 SCI 论文的发表，有的转去回顾关于造椅子的相关经典论述，更有的要论证为什么要造椅子，必要性在哪里？该书的研究虽然不是对发展人工智能的必要性的研究，但至少是对人工智能的发展可能给人类社会带来的最根本的伦理变化的重要研究。

不过，虽然迫切地需要这样的研究，但研究起来又是非常困难的。伦理的研究在整个人文领域的研究中本来就是最为困难的，甚至关于人类的伦理问题，至今也仍然存在着众多不同的立场、观点和理论，更不用说对于人工智能这样新的对象的伦理研究了。这里面既涉及人文，也涉及科学和技术，需要研究者有更广阔的视野和理论准备。在该书中，作者收集、汇总、分析了国内外众多研究者的相关工作（仅此便已经是非常有价值的研究了），讨论了军用机器人、情侣机器人和助老机器人等几个当下被突出关注的案例，尤其是讨论了其中所涉及的传统的与新出现的伦理问题，并在更一般性伦理学背景下，针对人工智能会涉及的伦理问题进行了讨论，其中像对作者比较倾向的自反性伦理治理观点的讨论，对友好人工智能概念的问题的讨论，都是很有特色的。而且，作者的一些结论性的观点，也颇有深意，如："人工智能安全问题从源头上看是由人工智能技术造成的，这应该使科学家认识到，科学技术研究并不是无禁区的，我们需要理性地发展人工智能。""科学家应该意识到，科学与伦理有着不同的选择与评价标准，在进行机器人设计时，应该将科学与伦理结合起来，而不只是在科学的范围内从事研究。"

当然，作者的一些观点本人也并不是完全都能同意，该书也还存在着一些不足，如在内容和结构上并未明确区分人工智能和机器人的不同，尽管这两者间存在着密切的关联。但这些并不影响此研究的重要意义。毕竟这还只是国内学者对此重要领域和问题进行的开创性的系统研究，而对于人工智能的伦理研究还需要有更多的、更深入、更细化的后续工作。而该书中提出和讨论的问题，对于后来的研究者显然具有启发性的意义，就此，应该说是非常有价值的著作了。

多样性的研究与多元的立场①

科学技术史

章梅芳：刘老师，您好！我记得上一次和您做访谈是2007年。岁月如流，一晃便是七年过去了。毕业之后，尽管在学术上一直接受着您的指导和教诲，甚至与您合带研究生，但由于我个人的研究领域相对较窄，对您在多个领域的新进展还真是知之不多。我想，是不是可以先从我相对熟悉的科学编史学方面的研究开始，请您与我们分享一下您的新进展？

刘兵：时间真是过得太快，一转眼，七年就过去了。

我经常会有这样的感觉，就是在过了几年之后，回想几年前自己的情形，总会发现（这时的自己）自觉、不自觉地又有了某些变化。这些变化包括学术意识方面的、学术思考方面的、学术兴趣方面的，甚至生活态度方面的，也有一些自己似乎可以明确地感觉到但却又很难确切地表达出来的变化。所以，即使这次访谈的话题与七年前的在表面上可能有某些相似，但我的回应，应该还是有不少变化的。

七年前我们做的访谈，是为《广西民族大学学报》（社会科学版）做的，那个刊物的主打方向是人类学，那期的封面还把我说成是“人类学家”，其实是真有些不敢承受。其实，因为那期的主题是科学人类学，所以，为了契合那个主题，访谈的内容就变得更加多元，科学史只是其中一部分而已。不过，科学人类学现在依然是我很有兴趣并依然

---

① 此文原刊于2014年第4期《广西民族大学学报》（自然科学版），收入本书时内容略有调整。

突出关注的方向之一。去年，我还受《科学与社会》杂志的委托，专门为那个刊物组了一组科学人类学专题的文章，发表在去年年底的那一期上。其实这也与科学史有密切的关系，不过，这个问题可以留在后面再细说。当然，这次的访谈，从刊物的栏目和你的标题来看，我倒主要是以科学史研究者的身份出现了。

既然你先特别地问到了科学编史学的研究，那我就先说说这方面的工作吧。

科学编史学依然是我在关注和研究的重要领域，而且在我所带的博士生的学位论文的选题上，也还有很多是属于这个领域的。例如，过去我在上海交大指导的博士生王延峰所做的关于美国科学史家皮克林《建构夸克》的科学史的编史学研究，杜严勇关于西方爱因斯坦研究的编史学研究，以及快要毕业的宋金榜的关于视觉科学史的编史学研究等；还有我在清华所带的博士生，除了你曾做过的关于女性主义科学史的编史学研究之外，还有卢卫红关于科学史中人类学研究进路的编史学研究，王哲关于建构主义科学史的编史学研究，谭笑关于科学史中修辞学进路研究方法的编史学研究，以及现在仍在读的王晶金关于证伪主义科学史的编史学研究等。至于我自己，也有一些相关思考和研究，如在上次访谈之后，出版《克丽奥眼中的科学——科学编史学初论》(增订版)时补充的关于科学史的客观性的研究，以及现在考虑得比较多的关于科学的多元性和地方性知识等方面的研究。

我想，就科学编史学来说，我还是会在这个领域中继续做下去。这些年比较多的是通过带学生，通过与学生合作的方式，把自己的某些想法诉诸实践，可以效率更高地多做些工作。不过有些遗憾的是，现在博士生招生名额限制太严，学生有限，而且我在清华指导的一些博士生也开始在科学传播方向做论文，这在一定程度上限制了科学编史学研究的进展速度。不过，原来计划的将博士生们的科学编史学研究的成果汇集起来作为《克丽奥眼中的科学——科学编史学初论》的续论来出版一本新科学编史著作，差不多也可以开始考虑准备了。

另外还可以提到的一件有意思的事是，目前在清华，还没有科学史的博士点，我带的博士生都是挂在科学技术哲学的学位点。在这个有中国特色的学位点中，从目前我们这里的学科方向分类来说，科学传播的方向是与科学史的方向合并为一个大方向，与其他像科学哲学、科技政策等方向并列。所以说，那些做科学传播的学生，也还是属于广义的科学史领域的。

章梅芳：我记得几年前您曾发表过一篇文章，专门讲科学编史学在国内科技史和科技哲学领域的状况，其中提到"近亲的排斥和远亲的接纳"问题。多年过去了，您感觉这种情况是否有所改变？在科学编史学长期处于边缘位置的情况下，您是如何坚守阵地的？能否谈谈您的感受和想法？

刘兵：从这几年发展的情况来看，还是有了一些变化，尽管还不能说是完全令人满意的。如果你注意一下在我们这个领域的期刊上发表文章的情况，就会发现有关科学编史学的文章的数量在增长中。或许，随着现在学术界研究压力的增大，像过去一些比较歧视科学编史学的学者，大多都顾着去做课题、搞创新，而不太有心思顾及歧视科学编史学了。

不过，总体上讲，科学编史学还应该算是处在不那么中心的边缘位置吧。但这也没什么关系。十多年前，我曾出版过一本集子，书名就叫《驻守边缘》。可以说，对此我是颇有心理准备，并乐在其中的，不觉得有什么太大的不安。边缘也有边缘的好处，可以有更长远的发展前景。本来，大家一窝蜂地全聚集在热门领域，也不一定就是最佳的研究策略。不过还有一个我觉得比较有趣的现象，就是在我的研究经历中，有好几次都是在我开始研究某个问题或领域时（如女性主义、科学传播等），这些问题或领域在当时都是属于比较冷门的，但过了一段时间之后，就会发现已经颇为热闹了。

章梅芳：可能正因为如此，大家感觉您一直只重视科学编史学，而不关注一阶的科学技术史研究。我想，这绝对是一种误解。在这里，您是否愿意分享一下您早期所做的物理学史的研究工作？

刘兵：确实，我进入学术领域，是从科学史开始。在科学史领域中，我是从一阶的研究开始。在读硕士研究生阶段，我做的是关于超导物理学史的研究。当时那是一个比较冷门的研究领域，但幸运的是，在我完成了毕业论文之后，突然出现了“超导热”，我也就跟着这个本来不可预料的热潮，一下子出了三本关于超导史的书。这在当时那个年代刚毕业的研究生中，还真是挺少见的。事后，我也曾多次在回顾中，就这个例子谈及学术研究的“冷”与“热”的关系。因为，不那么赶热潮，而是就你的思考、就你的所长去做你认为值得做的选题，这才会做出能够留得住的工作。

而且，直到现在，其实对超导史的研究进展，我也还一直保持着关注。前两年，我曾在我们所李正风教授主持的有关名老科学家学术传承方面的一个重大项目中，与当时带的博士后吴燕一起承担了一个子项目，即关于我国著名超导物理学家赵忠贤的科学方法的研究。基于更进一步的研究，也发表了一些东西。今年，在美国物理学会的年会上，有一个“20 世纪中国物理学家和物理学”的分会场，我还受邀去做了题为“关于 20 世纪 80 年代末中、日、美超导研究竞争中的几个问题”的报告。

也许是由于科学编史学的研究及其他一些工作带来的影响和思考，因此在一些像学生开题、学术报告等场合，我发现我对于一些一阶的科学史研究经常会有一些新的想法。我真希望能有更多的时间让我再去开拓一些新的一阶的科学史研究，来把我的想法诉诸实现。有这样的希望，也许就会有这样的机会吧。

章梅芳：事实上，不只是物理学史，近年来您还指导了很多研究生从事诸如蒙医、侗锦之类的研究，将一些新的研究视角，例如人类学和女性主义，运用到了本土的科学技术史案例研究之中。您能谈谈这方面的情况吗?

刘兵：我指导的学生的研究方向似乎比较多，看上去有点杂。我在指导学生时的思路，大致是既要考虑学生的不同背景和优势（包括我认为的潜在优势）所在，又要结合当下的学术发展选择一些有新意的、更有可能做出与众不同且又有学术意义的成果的研究。像你说的对于蒙医的研究、对于侗锦的研究，还有像关于新疆坎儿井的研究、对于蒙古族传统马学与西方马学的比较研究等，其实都是按照这个思路选择的，也都可以说仍是在科学史领域中的研究的扩展。在这样的关于本土的地方性科学和技术的研究中，运用一些像人类学的、修辞学的，或者是女性主义的视角、理论、方法等，会更有针对性，更加适用，也更容易有新的发现和提出新的观点。在其中，也更能体现基于多元的科学观、知识观的学术立场。

章梅芳：那么，能否以您的这些研究为例，谈谈运用西方科技史界新的编史视角来做本土案例的工作，需要注意些什么问题？这样一些研究与传统的科技史研究又有什么相同和不同之处呢？

刘兵：你提的这两个问题其实是相关的。我在这期刊物提交的文章，也有部分间接地涉及这点。首先，我认为，对于初学做科技史的学生来说，专业的基本功是必要的。当然，不同的研究，如理论性的或实证性的，所要求的基本功的类型可能在重点上有些差别。比如，像做一阶的实证科学史研究，对史料的运用，基本的考证方法等；做理论性的研究，对于各种相关的重要基础理论的理解、把握和运用等，都是必不可少的基本功要求。

其次，是要认真思考，想明白、知道传统的研究的优势和局限是什么。这样，才有可能运用新的视角和理论来做出有新意的研究。不过，我说的这种有新意的研究，与那种为了所谓的“创新”而“创新”的“研究”不同，是要真正有学术见解（尽管不一定是主流的见解——实际上往往主流的更是传统的）。而且，我更希望能有比较高的学术品位。学术品位也是我近几年来一直在教学和指导中所强调的，不过这更是一种需要积累和修炼才能有所意会和理解、把握的东西。

还有一点也是近几年来我有所改变的，就是在观念上一方面在对新探索的追求中表现出来的某种激进，和另一方面更加平和一些的包容心态。我也会承认传统的研究自身的价值和必要性、合理性，只是由于自己的追求的不同，因此我更愿意做些非传统的工作而已。

科学传播

章梅芳：同样地，在其他研究领域您似乎也经历了从分析和研究国外理论到走本土化探索的这样一条道路。例如科学传播方向，您早期带的研究生注重介绍和分析了国外关于科学传播的基本理论和模型，后来的指导研究生则开始分析本土的科学传播案例。您能详细说说这方面的进展吗，您有何心得体会？

刘兵：你的观察还是挺敏锐的。确实如此。不过，这与我做科学编史学与一阶科学史的关系很有些类似。一个领域，在开始研究的阶段，了解更多的国际背景和已有成果，是必不可少的准备和积累。其实现在国内很多人做科学传播的工作，虽然名称上改称科学传播（以代替传统的科普这个概念），但其实质上，还是沿用老一套的思路和方法。这就很难做出新意来，同时也给研究的意义带来了局限。但相对来说，我觉得科学传播研究比起有更长研究历史的科学史，在理论积累方面还是要相对简单一些。所以，在做了一些前期的基础性的准备研究之后，我便在一定程度上转而关注一些现实的（其实历史上的许多东西也是一种现实的，只不过不是当下的）问题，带学生做一些一阶的科学传播研究。

不过，在这样的研究中，同样是可以选取一些有新意的视角、理论和研究对象的。比如说，像视觉文化的理论方法，像一些地方性知识的科学传播研究等。所以我会指导学生在论文选题上，做了诸如像科学家肖像的科学传播研究、对科普作品的修辞隐喻研究、对科幻作品的科学传播研究、蒙医在蒙古族公众中的理解问题的科学传播研究等这样一些工作。比较新的，你和我合带的研究生所做的关于侗锦的研究，其实在归类上，同样也带有相当程度的地方性技术的公众传播的意味。而且，近些年来，国际上科学史的研究领域也在不断扩展，科学传播史实际上也被一些研究者作为其中的一部分内容来研究。这也就是说，在新的科学史观中，与科学相关的内容要扩充很多，不仅仅要研究科学知识的生产，对科学知识的消费也是非常值得研究的，而且在以往是被人们关注得不够的。因此，科学传播史的研究也是我近来关注并带着学生开始去做的方向之一。当然，现在这样的研究还都是针对特定的对象的。

另外，在研究对象上，除了对那些初始目标就是做科学传播（或科普）的传播活动及其形式的研究之外，把研究对象拓展到那些并非以科学传播作为初始目标，但其传播结果又有相当的科学传播效果和影响的传播形式，也是我现在关注的新方向。

另外一个我涉及的也可以算是科学传播研究相关的研究领域，是基础科学教育。我曾担任 2001 年颁布的国家新课程标准物理初、高中课程标准组的核心成员，后又担任 2011 年的教育部基础教育课程教材专家工作委员会的委员和科学课程教材的评审专家。在这个领域中，除了依靠原来所受的物理教育背景之外，主要是依靠我在科学技术与社会方面的研究背景进行工作，而这在现在的基础科学教育研究中，又恰恰是一种迫切的需求。这样的实践，也可以算是一种对现实科学传播工作的直接参与吧。

章梅芳：听说您还参与过国内关于转基因问题的听证会，您能否从科学传播的角度谈谈您在转基因问题上的态度，以及您对类似听证会的看法？

刘兵：其实严格地讲，不是参加什么听证会。不过，我确实比较关心转基因问题。这是一个与科学技术与社会（传统的 STS，即 Science, Technology and Society）相关，更与对科学技术的人文社会研究（新 STS，亦被译为“科学元勘”“科学技术研究”，甚至“科学技术学”，即 Science and Technology Studies）相关，也与科学传播、科学文化，甚至科学史相关，而且是一个非常有争议但又十分重要的现实问题。对这样的问题的关注，也本应是人文社会科学工作者的社会责任感的一种体现。比如，我曾参加关于呼吁延缓商业推广转基因主粮的公开信的写作和传播，曾组织有关转基因问题的研讨会，曾参与有关公众对转基因食品理解问题的试验版的“共识会议”的研究项目，如此等等。三年前，当我被采访，关于我从 STS 立场上对转基因作物的观点（以及我的照片）出现在 *Science* 上的一篇相关的综述报道上时，还真有不少人颇为吃惊呢。前些天，在国内的《国家科学评论》杂志刚组织的一次视频论坛中，我也是以社会科学家的身份，作为五位嘉宾之一（其他嘉宾包括研究转基因的科学家、科学管理者、非政府组织的代表等）参加了座谈讨论。这次讨论的纪要，将发表在下半年的这个刊物上。我觉得，像我们现在有关转基因的争论，其实是有很多问题和误区的。与许多人的看法不同，我觉得这首先不是一个科学问题，而是人文和社会科学的问题，涉及文化、传统、发展与可持续发展、生活方式、管理、风险、对科学和技术的功能与局限的理解等一系列的问题。作为一个人文社会科学工作者，当你对此有所思考时，当然应该有责任在争议中发出自己的声音。

章梅芳：这是否可看作您从学术研究走向实践的一个实例？能否结合这一点，谈谈您对学术研究和社会活动之间关系的理解？以及您对理想的知识分子的看法？

刘兵：也可以这样说吧。其实类似地，也正像当你研究科学传播时，你也可以在做理论研究的同时，写、编一些一阶的科普作品一样。学术性的理论研究与社会生活中的现实的实践相结合，其实既是一种工作方式，也可以让两者相互促进。

我认为，对于学者来说，可以有不同的定位，有人可以偏重甚至只做学理性的研究，也可以有人关心现实的实践，当然更可以两者都有涉及。其实，就算是专门只做学理性研究的人文社会科学学者，其研究也不可能完全脱离现实，只不过其间的关系可能间接一些而已。当然，我更欣赏那些有社会责任感并基于良好的学术研究背景而关心和参与现实问题及实践的学者。我记得，有一位在韩国非常有名气的 STS 研究者，叫金性旭，他是韩国最好的大学——国立首尔大学的教授。有一次在中国访问时所做的学术讲座上，他曾说到自己觉得恰恰因为他的大学过于科学化和工程化，所以他能向那些被培养成未来的科学家和工程师的学生们教授有关科学和工程技术的社会伦理等 STS 学说。这是他在那里的研究和教学工作的重要价值和意义。

在过去，标准（或按你说的“理想的”）的知识分子的概念，本来就是指那些不仅仅只有技术性的专业知识，而且对社会和人类的问题有独立思考和见解，并积极关心社会事务的学者。这很有些我们这里所说的“公共知识分子”（简称“公知”）的意味。只不过，现在在我们这里，“公知”的概念已经被污名化了。这里面既有原本非具备理想的“公知”素养却硬要以“公知”的形象来作秀的人自身的问题，也有社会的偏见，甚至还有一些更复杂的原因。“公知”概念被污名化这件事本身，恰恰说明社会现实存在一些问题。但无论如何，我仍然认为，一个理想的社会及其理想的发展，是真正需要那些并不因为个人利益而屈从于主流的、有独立思考、有深刻见解、有社会责任感的理想的知识分子的。

科学文化

章梅芳：近年来，在提升国家文化软实力的背景下，国内科学文化研究也日益兴盛起来，作为这个领域的资深专家，您对目前国内科学文化研究有何看法？

刘兵：现在恐怕还不好说国内的科学文化研究就已经是日益兴盛了。由于多方面的原因，其实就从事科学文化研究的人员数量、研究成果的数量和质量来说，仍然不是尽如人意的。从出版物的角度来看，比起前些年，甚至还有下滑的趋势。

因为科学文化其实是一个并不清晰明确且包容性很强的概念，不同的人有不同的理解。例如，我与上海交通大学的江晓原教授持续长达十一年的每月一次在《文汇读书周报》上已经刊出一百四十多期且仍在进行中的对谈专栏“南腔北调”，也可以说是我们理解中的一种科学文化的普及性写作。那个专栏的一个核心主题，就是对科学主义的反思和批判。我觉得，无论在什么意义上讲科学文化，既然文化的概念进入了，就一定不只是那种技术性的科学知识的相关研究，而是有着人文立场的将科学作为对象（或与科学相关）的人文社会科学研究。而对于一个人文学者来说，是否有人文立场是颇为关键的。如果我激进一些地讲，我会不那么客气地认为，其实一些人虽然从事的研究领域是人文研究领域，但其是否真正具有人文意识，却不一定。这个领域中，一些人曾经受过科学教育的训练（这在过去被认为是研究科学史等的必备要求或理想前提），其“缺省配置”（这个形象的说法是北京大学刘华杰教授的发明，比喻人们头脑中固有的观念等）是科学主义的；一些人虽然过去受教育的背景不是科学，但由于受社会上主流意识形态的影响，因此其思想观念中仍然也有很强的科学主义成分。但我会更激进地认为，如果一个人文研究者经过其思考和研究还没有完成从科学主义向非科学主义的转变，那他就还没有真正成为一个合格的人文学者。当然，这种看法姑且算是我个人激进的偏见也行。

相应地，我认为，现在的科学文化研究，面临的最关键的问题，恰恰是与上述说法有关，即许多的所谓科学文化研究，并不真是具有人文立场的研究，而只是在内容、形式上具有科学文化研究包装的与科学相关的研究而已。

章梅芳：您和江老师的对谈是赫赫有名的，当是国内科学文化研究的一面旗帜。但据我了解，您在此方面的工作并不限于此，或者说您刚才提及的观点与立场在您的科学史、科学传播的研究成果中亦有深刻的体现。我记得您带了一名博士生，研究中医理论框架下的“上火”概念，听起来十分有意思，不知道您具体是如何设想的？这样一项研究是否既可以理解为科学文化研究，也可以理解为医学社会史或文化史的研究工作？

刘兵：正像前面所说的，科学文化是一个并不十分明确的概念，在宽定义中，科学史等也可包含在其中。不过，如果类比一般常见的“文化研究”，对于像“上火”这样的问题的研究，倒也更有些科学文化研究的味道。同时，如果把它放在医学社会史或文化史的分类中，也是成立的。这恰恰表明了像这样的研究的跨领域性。或者我们甚至可以说它究竟属于哪个分类并不是最重要的事，最重要的是它是否值得研究而且能够被研究。我们这里学科分割的意识非常强烈，如果一个题目不能确切地定出其属于哪个学科，好像就成了一个大问题。那我们划分学科又为了什么呢？其实这就像“文化研究”也很难确切地定位在我们现有的学科分类中一样。我们日常在做的 STS 研究，不是在现有的学科分类中也很难定位吗？人们干脆把它说成是跨学科的，但即使“跨”了，不也还是重要而且值得进行研究吗？现在人们或是在科学技术哲学，或是在科学技术史等学位点上招收 STS 的研究生，其实这不也只是为了对付现有学科分类的一种权宜之计吗？

你问道，我让学生去研究“上火”，是如何设想的。这又涉及研究的选题问题。在我这里，像“上火”这样的选题并不是独一无二的，有时人们会觉得有点新意，或觉得有些怪，或觉得不太符合常规，其实原因还是思想上的自我约束。我有这样的一个说法，即其实没有什么东西是不能被研究的，问题只在于如何去研究。有人经常会觉得选定一个研究的选题是件很困难的事，其实值得研究并可以进行研究的问题实在是太多太多了，只要你放开思路，就会发现这点。比如，“上火”这个概念对于在中国文化环境中成长起来的中国人，是一个无须过多解释并在日常生活中可以体验到的东西。它涉及对于身体的理解问题，背后有相关的理论支撑，对生活有实在的影响（如影响对饮食和生活方式的选择，以及在身体不适时如何做相应的调整等），但又与现在的主流医学理论体系不相容（即不可完全通约），如此等等。你想，像这样一个可以带出这么多问题的题目，难道不值得我们研究吗？这时它究竟属于什么学科，还是个首位重要的问题吗？采取不同的研究进路，它可以更侧重于某个学科，但这也不是唯一的。

章梅芳：是啊，跨学科性质的研究在现实中往往会遇到很多困境，比如申请课题的时候。但是，这并不表示这些研究是没有价值的，相反它更可能避免功利，更为纯粹和具有真正的学术品位。说到这里，我又想起您正在指导一名博士生做科学漫画，甚至还有一名硕士生在做侦探电影，这听起来更为有趣了。这类工作好像也是同时兼具科学传播和科学史的研究性质，不知您是如何考虑并给出类似选题的？

刘兵：我在前面也已经提到，一是我在做科学史，二是我在做可以属于在科学史的新发展中被包括进来的科学传播史，像你说的这几个选题，也正是可以放在这样的分类中。如果说特殊性的话，倒不是在学科分类上的特殊性，而是在研究对象上的特殊性。因为在这些学科的传统里是不研究这些对象的。不过，如果我们换个思路，把那些本来不是以科学传播为初始目的，但又在实际上具有某些科学传播效果的传播活动及形式也纳入研究中来，如果我们真正关心的是以各种可能的方式涉及科学的各种活动及其传播效果，那么，像侦探电影这种其中既带有科学和技术手段的内容，又带来科学逻辑的推理思路，甚至连带地还承载了对科学之应用的某些看法，加上这样的影片一直又是大众喜闻乐见的——这种对受众潜移默化的科学传播影响，难道不值得研究吗？至于像你说的科学漫画，除了上述理由之外，还可以加上近年学界对于视觉文化的越来越重视，对图像材料的研究越来越多这个研究背景。

章梅芳：是的，视觉文化研究在国外 STS 领域的重要地位已逐渐体现了。除此之外，您还指导了多名博士后从事科学与艺术相关的研究工作，这类研究是否可以看成是在实践意义上致力于填补斯诺所言的两种文化的鸿沟？

刘兵：当然，你可以这样说。但我们这个领域及相关领域的工作，无论是科学史、科学哲学、科学社会学还是科学传播，哪个领域的工作又不是在填补两种文化的鸿沟呢？科学与艺术，作为一个交叉性的研究，其实本来就已经是学界研究的热门领域了。当然，之所以会做这样的工作，也与一些外部因素和自己的兴趣有关。就外部因素来说，这些年我在清华大学美术学院带博士后就是其中之一。这样，选择科学与艺术的研究方向，也就顺理成章了。从我们学科领域里的学术系统来说，自然辩证法研究会下面就有一个科学与艺术专业委员会，虽然目前还是筹办阶段，我还是这个专业委员会的主任，这也说明了这种交叉性研究的某种学科合法性吧。说到个人兴趣，其实有时倒是会更超出学科限制一些，例如，近来我还承担了一个更纯粹是艺术类的课题呢，而且马上就要结项了。这个课题是“呼和浩特地区蒙古族传统图案的当代设计应用”。这也说明，在有兴趣的前提下，适度地做一些跨领域的事，也完全是可能的，而且跨领域的背景有时也会是做研究的某种优势。

章梅芳：说到这里，您能否说说您所从事的科学文化研究的最大特色是什么？或者说，您理解的科学文化研究的学术和实践主旨应该是什么？

刘兵：到目前为止，这差不多是你所提的最难回答的问题了。之所以难，是因为我自己没有专门想过，同时，也很难做出全面和准确的总结。不过我还是试着回答一下吧。我觉得，我所从事的科学文化研究的特色——我还是把最大这个限定词去掉吧，大致可以包括坚持人文的立场，努力扩展视野——借鉴相关的新的研究进展，尽力探索新的视角、新的研究对象，发现新的有价值的问题，以及注意研究的学术品位这样几项吧。而我所理解的科学文化研究的学术和实践主旨，这个问题就更难回答了。也许，承担人文研究者应有的社会责任，为了社会的理想发展，增进对历史和现实的理解，如此等等，可以算是主旨吗？听上去似乎有点高调，但作为目标，也还是成立的吧。

结语

章梅芳：从前面的访谈可以看出，和七年前相比，您依然坚持的是多元化的研究路线，并且在科学技术史、科学传播和科学文化研究领域均有重要突破。我的一个感觉是，您在上述领域的学术工作似乎都经历了一个从理论研究到本土探索的过程，而且更加注重实践。不知道我的这个判断是否准确？也请您谈谈您个人对这些年学术和实践工作的总结、看法？

刘兵：你的这个判断大致是准确的。这里面，也在很大程度上是个人的性格等因素导致的结果。如果让我做我个人的总结，我想，是我至少总是坚持一种开放的心态，坚持学习和努力思考，通过学习和思考，使自己处在不断的改变中。我并不赞同那种坚持一种观念和立场永远不变的方式。作为学者，如果没有变化，那你还学习、研究和思考什么？通过学习、研究和思考，正是要让自己向着某种更理想化的状态有所前进。这也就是我们所要追求的变化。当然，也不是为了变化而变化。当你一直坚持这样做的时候，其实自身的变化自然也就产生了。这也就是我在这次访谈一开始的时候所说的感觉，算是一种个人的体验和经验吧。

章梅芳：尽管您说您具体的学术观念和立场一直在变化之中，但我感觉您几十年来的多元化学术研究其实是“形散而神不散”。您能否告诉我们，跨越您所从事的多个研究方向的“神”是什么？换言之，您在从事这些领域的研究时，是否贯穿着一套基本的学术理念？

刘兵：在七年前的访谈中，我曾回答过类似的问题。当时你用的是“根基”或者“主线”这种说法。我当时回答说，科学史研究是我的一个基地，从这个基地出发，是可以四通八达地走向许多领域的。现在再想，我觉得，以前的回答也不能说不对，但还是比较形式化和表面化。如果反思得更深层一些，现在我愿意说，这个“神”，是一种哲学意义上的人文立场，是一种对于多元化的认同和坚持，是一种兴趣和学术的结合，是一种对于学术品位的追求。这些理念，贯穿在多个领域的研究中，而在形式上，在个人学术发展中，科学史则是一个出发点。

不过，还要补充一句，从最初学习科学史到现在，经过这二三十年，现在我理解中的理想的科学史，显然与开始时的理解是非常的不同了。

章梅芳：十分感谢您回答学生这么多琐碎的问题。最后再提一个：您认为做学问最重要的是什么？也请您对我们年轻学者的学术研究提些建议。

刘兵：我还是两个问题合并为一个来回答吧。我认为，重要的是，读书，要会读书，读书、学习要思考，也要会思考。这里面没有一定之规，只能在持续的学习、研究和思考中自己摸索，但有意识的摸索与盲目显然会有所不同。此外，如果能够将你的学习、研究和思考与个人的兴趣有所结合，那就已经是一种很高的境界，是一种幸福了。

章梅芳：好的，今天的访谈就到这里。刘老师，再次感谢您与我们分享您的学术成就与心得！您的建议将是我们的宝贵财富！

二、科学传播

科学传播，同样是一个经常在不同意义上被使用的概念。在传播学的意义上，对“传播”一词最一般的理解就是信息的交流。在科普的意义上，科学传播是指在其对象包括了科学共同体之外的公众中对科学的传播。前些年，国内有学者将科学传播指称为一种具有新理念的“科普”形式。不过，近来也有更多的人在更多的场合将科学传播作为更为中性的概念所使用，包括了像传统科普、公众理解科学和有反思的科学传播等内容。

对科普相关概念研究的简要回顾与讨论①

就科普工作来说，最基本的分类可以分为两类：一类是科普实践工作，一类是科普理论研究。多年来，国内的科普实践工作有了众多重要的经验积累。虽然与具体的科普实践相比，对于科普的理论研究还相对薄弱；虽然总体上，国内科普界还是在一定程度上存在着重实践、轻理论的倾向，但近十多年来，科普理论研究也还是有了一定的发展。应该说，没有扎实的理论研究作为背景和支撑，科普的实践会变得盲目且受到诸多制约。

在这些科普理论研究中，有一个很重要的问题，就是对于科普概念本身的界定，以及对于相关概念背后所承载的科学观与传播观的思考与探索。实际上，长期以来，我国的科普实践是在没有更深入的理论研究的基础上开展的，或者说，是在对科普的一种比较朴素的理解的基础上开始的，许多相关的基本概念并不十分明确，而且是比较缺少反思的。因而，当我们要回顾我国科普的发展，回顾对科普的理论研究的成果时，对于这些基础性问题的研究成果，应该给予足够的重视。

对三个基本概念及相关问题的若干重要研究

科普

虽然长期以来，人们一直在讲“科普”，并使用这个概念来描述相关的科普工作，有时也对此概念进行一些分析，但直到2000年以后，

---

① 本文原刊于2019年第5期《科普研究》，收入本书时内容略有调整。

真正有历史眼光而且比较具有学理性的考察和总结才出现。2004年年初，科学史家樊洪业在《科学时报》名为“故纸拂尘录”的专栏中，发表了三篇系列的专栏文章——《解读“传统科普”》《从“交通智识”到“普及”》《科普：面向公众的科学通俗化》，对“科普”这一核心概念的来源、演变和内涵等做了清晰的考证和解说。

在这三篇文章中，樊洪业先生指出，从历史上看，“科普”作为中文的专有名词，在1949年以前并没有出现过。从渊源上讲，是自1950年起，它作为“中华全国科学技术普及协会”①的简称出现。在1956年前后，“科普”作为科学普及的缩略语，逐渐从口头词语变为非规范的文字语词，并在1979年被收入《现代汉语词典》中，终于成为规范化的专有名词。从这样的考证来看，在中国，规范的科普概念出现得并不是很早。当然，这并不意味着这个后来出现的概念所包括的部分所指在此概念出现之前不存在。

除了对科普这个作为规范化的专有名词的出现进行了历史的追溯，樊洪业先生还对我国历史上那一段特殊时期做了还原解读，这就是所谓的“传统科普”，它有别于一般意义上的科普。传统科普的特点被樊洪业先生总结为四个方面：第一，科普理念，是从主流意识形态的框架中衍生出来的；第二，科普对象，定位于工农兵；第三，科普方针，须紧密结合生产实际需要；第四，科普体制，中国民主集中制之下的一元化组织结构。

正如樊洪业先生所说，如何理解或定义今日的“科普”，应该是今日学术界的重要研究课题。在他的文章发表之前和之后，也确实一直有人在以各种不同的方式来重新定义“科普”，并进行相关的研究。但也正像樊洪业所指出的，中国今日的“科普”，既是从中国昨日的“科普”走出来的，也是通过从西方发达国家的“科普”理论与实践中吸取营养而变异的。如果离开了科普概念在中国最初产生的背景和含义，显然就无法真正深刻地理解科普概念在中国后来的变异。而且可以说，在后来有所变化的科普概念中，最原初的一些含义还是在很大程度上

① 1950年，中华全国科学技术普及协会成立，简称“全国科普”或“科普”。

作为核心内容保留了下来的。当然，在20世纪90年代以后，将“四科”（科学知识、科学方法、科学思想、科学精神）纳入科普的范畴，是科普观念发展中另一个重要的进展。

公众理解科学

作为一个来自西方的、与“科普”有着很大的相似性，但又对中国的科普理论和实践产生了一定影响的概念——“公众理解科学”（The Public Understanding of Science）的正式规范性提出，是源于1985年英国皇家学会出版的《公众理解科学》报告。很快地，“公众理解科学”概念就被引入了中国。根据李大光的说法，“公众理解科学”概念进入中国大约在20世纪80年代末90年代初。“20世纪90年代初，中国科普研究所的研究人员译介了一批国外著名学者关于科学素养的概念、理论和研究方法的文章。其中，包括鲍默爵士的报告和美国伊利诺伊大学公众舆论研究中心乔恩·米勒的‘1990年美国公众对科学技术的理解与态度’报告。同时，还译介了欧洲，尤其是英国一些学者的研究结果，这些作品的译介使得中国学者对西方科学传播的新理念和研究方法有了了解，同时也引发了中国学者的争论。其后，随着中国科普研究和实践的发展，公众理解科学的理念逐步在中国科学文化界得到认可，也导致了科普模式的逐步演化。”

2000年以后，国内对于公众理解科学的深入研究陆续出现，包括对公众理解科学在西方国家的学科化、概念、目标和工作模型的变化的关注。尤其是，对于从最初的“缺失模型”到后来像“内省模型”“对话模型”等的研究，在后来人们对“科普”的讨论和理解中，产生了较大的影响。只是，在此名目下，更多的工作是伴随着对中国公众科学素养的调查而开展。不过，随着公众理解科学概念的引入，人们也开始注意到国外这一研究领域，或者说学科或运动的产生背景及其与中国科普在动因上的差异。正如英国科学史家皮克斯通所言：“当科学在全球范围内已经与商业紧密联系时，部分公众就变得更加怀疑。从前他们担心科学因为某种内在的动力——某种不计后果地追求控制自然的能力——而正在危及他们；今天他们担心科学家与大企业共谋——为追逐利润而搞坏世界。”也正是由于20世纪在西方国家公众中存在的对科学的怀疑态度，科学共同体担心因此导致科研经费和资源的缩减，于是开始了这场运动，目标是让公众更多地理解科学从而转向支持科学。虽然后来的研究对于最初的目标、方法和模型设定中存在的问题有了新的认识，导致出现了一系列新的在立场和观念上的变化，但就其起源而言，显然是与中国的科普完全不同的，尽管其早期在像缺失模型中所体现出来的传播立场和传播方式，又与中国传统的科普有着很大的相似之处。

科学传播

其实，“科学传播”这一概念的出现是比较早的事情。从现有的资料来看，贝尔纳是最早注意到科学传播的科学社会学家之一。在他于20世纪30年代出版的《科学的社会功能》中，第十一章就专门讨论了科学传播的问题（原文是用 scientific communication，中译本原来翻译为“科学交流”)，其中也涉及面向公众的科学交流的问题。在国内学界，翟杰全是比较早开始重视这一概念的学者。在20世纪80年代中期，他就发表了论文专门讨论科学传播学，并把考察科学知识是如何通过传播媒介向社会渗透并作用于受传对象的问题作为重要内容。后来，在进一步的研究中，他又明确地将科学普及与科学传播（有时他又用的是“科技传播”，甚至认为使用科技传播更好）的概念关联在一起。他认为“科技传播涉及三方面的问题：科学家间的交流问题、科学教育和科学普及工作，这三个方面组成一个科技传播系统；科学家之间的交流涉及提高科学研究的效率问题，而科学普及关心的是让公众有机会理解科学所起的作用，了解对人类生活可能产生什么影响。”但值得注意的是，他同时认为不能简单将公众理解科学视为科普发展的第二阶段，“科学知识的传播如果是发生在专家与公众之间，知识流动方向必定是自上而下、专业对非专业、‘有知’对‘无知’的一种单向传播，不可能是一种双向的交流过程。”当然，这只是学者们关注科学传播初期阶段的观点，在后来，学者们的观点又有一新的变化。不过在初期阶段，人们对科学传播方式的这种认识，也是学术研究发展中特殊阶段的可理解的阶段性特点，在后来的研究中，学者们对于专家与公众互动式的传播的价值又有了更多的论述。

在此前后又有诸多学者，包括来自传播学界、科普界和科技哲学与科学史界（或称“科学文化”界）的学者对科学传播的概念等问题进行了一系列的论述，其中影响最大的，还是被称为“北大学派”的吴国盛、刘华杰和田松等人。

据田松的总结，早在 2000 年，刘华杰和吴国盛就先后发表文章，提出了科学传播这个概念，并指出传统科普、公众理解科学和科学传播是科普（或科学传播）的三个不同阶段，对科普进行了反思和批评，提出了一种新的更具包容力的科普理念，并将这种新的科普理念命名为科学传播，“称现代科普为‘科学传播’更合适，科学传播是比公众理解科学和传统科普更广泛的一个概念，前者包含后两者。”“我们提出‘科学传播’的概念，是把它看成科学普及的一个新的形态，是公众理解科学运动的一个扩展和延续。”

在后续的研究中，这几位学者由此出发，陆续进行了一系列更加深入、系统的论述。例如，2004 年，刘华杰明确地提出：广义的科普经历了从传统科普到公众理解科学再到科学传播的转变，它们构成了一个时间发展序列。2009 年，他在另一篇影响更大的题为“科学传播的三种模型与三个阶段”的文章中，更是将这三个阶段与三种模型和三种立场对应起来：“从传统科普，到公众理解科学，再到有反思的科学传播，是广义的科普（科学传播）经历的三个阶段。与之对应有三种模型：中心广播模型、欠缺模型和对话模型。这三种模型也反映了三种不同的立场。”而这三种立场，分别为国家（或政党）立场、科学共同体立场和公民立场。

与之相应地，在研究者中，对于最后这种概念中蕴含的传播方式的理解，也受到后期国外公众理解科学研究和基于 STS 的科学传播研究的发展的影响，对于传统的科普中那种单向的、从专家到公众灌输式的自上而下的传播方式的强调，变成了注重像基于对话模型等所倡导的那种平等的、互动的双向传播方式。

评论与讨论

在前面对有关研究的极其简要（因而也略去了更多细节说明）的

历史回顾中，我们可以大致得出一个结论，即在近些年来对科普基本概念的理论研究中，用吴国盛的说法，“以北大科学传播中心为标志，实际上形成了中国科学传播的批判学派。”作为这个学派最突出而且影响最大的成果，便是前面所说的对于科普发展三个阶段、三种模型和三种对应立场的划分。我们可注意到，随着科普事业的发展和相关研究的深入，许多高校中有关专业的学生以科普相关论题写出的学位论文的数量增长很快，而在这些学位论文的文献综述中，对这种三个阶段、三种模型和三种立场的引述是非常普遍的。根据中国知网数据，截至本文写作时，《科学传播的三种模型与三个阶段》一文的下载量高达三千多次，被引数达 189 次，这也是其巨大影响力的一种表征。在我们回顾近年来中国科普理论研究的成果和影响时，显然不可忽视这样的研究成果及其影响力。

但与此同时，正因为此研究结论的巨大影响力，所以对其中存在的一些问题还是可以做一些分析和讨论。

首先，应该注意的是这三个发展阶段的时间序列问题。这种发展阶段的划分，初看上去，与历史研究中的“历史分期”颇有些相似，但这也正是容易引起误解的地方。正如刘华杰在其文章中指出，这“三种模型并不必然有时间上的先后关系，但在各国实践中它们也的确展示了时间上的演化关系。”实际上，在这种划分中的三种模式，在当下中国对科普的理解和科普实践中，应该说是并存的，而且由于历史和现实的原因，“传统科普”所占的比例还是相当高，尽管代表着新的理念的“科学传播”（或“有反思的科学传播”）的份额确实也在增长中。就像吴国盛所说的，“当代中国科学传播的三种模式仍然处在剧烈的互动和融合之中。”

其次，是关于代表新观念的“科学传播”的命名问题，也是笔者更想讨论的。由于学术观念的变化，因此用一个新的名词来命名某种新的东西，或某种与过去已有命名的东西有关联但又有所区别的东西，以陌生化的方式来刻意强调其理解上的变化，这本是学术界常见的现象。例如，从传统的 STS（Science，Technology and Society）到新的 STS（Science and Technology Studies）在名称上的变化就是一个典型的例子。田松也注意到："从叙事策略上看，我们既可以使用一个新词取代旧词，也可以改造旧词，赋之以新的含义。这两种策略各有利弊，各有难易。现在看来，提出科学传播这一新的概念是一个更好的选择"，"此后，整个科学文化领域的思考逐渐深入，从理念上、实证上进行了更多的工作。科学传播这个概念逐渐在这个领域之内得到接受。但是，这个词在实际使用中一直是作为与传统科普不同的，与'现代科普'相当的一个概念。"

是否真的如此呢？

一方面，传播，其实本是一个被普遍使用而且含义甚多的名词。传播学中，各类传播（诸如大众传播、人际传播等）都可以是其研究的对象。当涉及科学传播时，本来就可以作为一般性的与科学有关的传播的所指。如国际上著名的刊物 *Science Communication* 在其对其涉及的主题的描述中，就包括了研究共同体内的传播、面向公众的科学技术信息传播和科学技术传播政策。因而，用这样一个原来已有诸多含义的一般化的名词来指称一个新的范式，其通过陌生化来提示新理念的功能是不够理想的。在类比中，这与在两种 STS 的表述中，用 studies 替代原有的 society 的效果就很不一样了。另一方面，随着科普的发展，原来只为学术界一部分学者所倡导的"科学传播"这个名称也越来越为官方所接受，并且在越来越多的场合中，其所指的对象实际上也经常是那种"传统科普"。因而，在使用"科学传播"这一概念时，经常会是在不同的语境下有不同的所指，是容易引起混淆的。

但也正由于前述的研究工作的巨大影响，因此，要重新选择另外的概念来取代那种代表着科普新理念的"科学传播"，似乎一时也很难做到。所以，也许现在需要做的，只能是提醒人们在不同的语境下注意"科学传播"这一名称的各种不同含义了。

是“公民”还是“公众理解科学”？①

在中国的科普领域，除了“科普”这个被使用得最多的词汇之外，另外两个相关的概念，即“公众理解科学”和“科学传播”也在不同程度上被使用。尽管有学者对这几个概念的差异做了辨析，但在更多的场合，其实使用者经常在相近的意义上使用这几个词汇。不过，在这许多讨论中，尤其是在使用“公众理解科学”这一外来的概念时，却忽视了在国外还有另一个概念，即“公民理解科学”。在这背后的原因及可能带来的影响，是值得进行分析讨论的。

在中国知网中输入“公众理解科学”这一关键词会出现 6300 多条结果，但是输入“公民理解科学”所得到的结果却几乎没有。如果将关键词改为公民、科学，所得到的结果将近 15 000 之多，而在此数字中又有将近半数以上的文章或著作是有关公民科学素养，其他也有很多关于公民教育的文献。反观国外，以公民理解科学（citizen/citizenship understanding of science）或以公民和公众理解科学（citizenship and the public understanding of science）在 Jstor 数据库中检索得到的结果有 19 000 多条，而这些涉及的范围也非常广泛，包括公众理解学中以公民为对象进行探讨；大量有关公民教育方面的研究；涉及公民对某项新科技的出现或应用的态度的讨论等。

中国科学院大学的张馨文曾做过关于《公众理解科学》（*Public Understanding of Science*）发表文献的计量研究，她发现，2005—2014 年，在 *Public Understanding of Science* 一共发表的 521 篇文章中，全文包含关

---

① 此文原刊于 2017 年第 3 期《科普研究》，与关茜合写，收入本书时内容略有调整。

键词 public 的有 462 篇，全文包含关键词 citizen 的有 73 篇；标题包含关键词 public 的有 149 篇，标题包含关键词 citizen 的有 11 篇。

通过对上述文献的初步检索情况进行分析，我们不难发现一些问题。在国内，大量有关“公民”与“科学”相结合的话题都集中在公民科学素养方面和公民教育问题方面，少有与“理解科学”相连用的，而国外对“公民理解科学”及相关方面的研究就要相对完整和充分。对于“公民”与“公众”理解科学在概念上的差异及背后的意蕴进行比较和分析，可以帮助我们发现在科普领域现存问题的某些深层原因。

本文将通过对“公民”在法律和政治层面上的特殊意义的剖析，关注“公民”在身份上的不同和重要性所带来的新的立场和观点，通过对相关概念（如公民教育、公众教育、公共教育）的区分和对比，分析“公民理解科学”概念下比较典型的案例，来揭示从“公民”立场看科学传播与以往的公众理解科学又有哪些不同和新意，发现我们在以往的科学传播中所不具备的视角和缺失。

“公民”与“公众”

公民是宪法学的一个基本范畴。新中国成立初期，曾经将国民（national；citizen）作为公民的同义词使用。从一般意义上说，公民指一个有国家国籍的具体个人，凡具有一个国家国籍的人就是这个国家的公民。公民具有法律上的义务和权利，这种义务和权利又反映出个人与国家之间的关系。在本文的讨论中，我们尤为要关注的是法律权利和政治权利。法律权利包括程序性的权利和实质性的权利。程序性的权利主要是在法庭中接受公正待遇的权利，如免于非法拘禁、由陪审团进行裁决的权利等；实质性的权利主要包括表达自由、身体控制权及财产权等。公民的法律权利基本上都属于自由权，它要求国家法律尊重个人的这些自由并给予保障。而政治权利是指公民参与公共生活的权利，包括公民选举权和参加政治活动的权利，选举政治代表、参与制定法律、竞选权利及游行示威权等。

在涉及这里我们所要讨论的科学传播方面，“公民”也是同样拥有决策权、自由选择权和参与权的。“公民”有权利享有科学教育，有权利参与科学活动，更有对于某项科学活动或产品支持与否定的决策权。

这样看来，我们就不能简简单单地把公民当作普通的公众来对待，而要加强关于“公民”的权利意识，以“公民”为视角来看待科学传播问题。应该承认，公民（citizen）与公众（public）是有着本质上的区别，一般来讲：从广义上说，公众是除自己之外的所有人，具有排己性；从狭义上说，公众是除自己及与自己有相当关系或一定交往的人（或团体）外的人群，具有排他性。对于公民权利和概念的弱化与重视不够会导致我们无法做好科学传播。因为公众只是一般层面上对于群体的统称，并没有像“公民”所强调的权利。通过词语分析，提到“公民”我们就应该马上意识到它所映射的权利和义务。

在涉及传播和教育方面时，谈到“公民”与“公众”的话题，也还要区分几个概念：“公民教育”“公众教育”“公共教育”。这些概念之间看似只有一字之差，但实际上却有很大差别。认清这些概念才能更加明白什么是“公民”，什么是“公民教育”，也才能明白在“公民教育”的层面，“公民”有着怎样的意义。

（1）公民教育。公民教育应该是“造就公民的教育”。公民教育的目标是，由于公民绝对不是“私民”，因此“公民教育”就绝对不是“私民教育”。它是一种“公民”所享有的受教育的权利，也是“公民”对于所受教育的反馈。如“把公民教育过程看作是学校的责任，这一过程很大程度上与共同体分离，也与个人终身作为公民的经验相隔绝，这完全是一种虚假的看法”。因此，公民教育不仅仅是学校的教育，更来源于社会或更大的环境。当代中国的公民教育还是“责任优先”理念，“责任优先”的公民教育理念强调价值观的统一性，它试图把某种“绝对的责任”伦理观念传递给学生，但是在这个过程中却极度地忽视了个人的道德选择性，对个人形成了大的强迫。这正是现今我国公民教育的现状，如何实现在“权利优先”的基础上培养负责任的积极公民也是国内对于公民教育的关键所在。

（2）公众教育。公众是教育价值关系的重要主体，而公众教育又与经济发展、社会文化进步等方面密不可分，公众教育价值也经历了由空白到觉醒，再到反思和质疑。随着经济快速发展，地域间的差别越来越大，导致公众教育面临一个严重的问题——择校。教育资源的不均衡，使得公众教育面临了极大的考验，学生在面临考学、专业选择、是否深造时都出现了与名、利相挂钩的思考，不再是教育所提倡的自由选择、培养兴趣的人文教育关怀。这也是我国公众教育所要解决的重要问题。

（3）公共教育。公共教育是在社会文明发展的一定历史阶段中所形成的，由国家、团体或个人向社会单独或混合提供，为全社会成员所分享并服务于社会的公共物品或准公共物品；而教育则是培养个人的一种社会活动。我们应提倡公共教育服务供给主体的多元化、治理权力的多中心化、服务治理结构的多样化。这种教育形式的特点是资源来自公共，是一种社会活动，无责任、无义务。

无论是“公民教育”“公众教育”还是“公共教育”都存在着这样或那样的问题，但是我们可以看出，在与“公民”切实相关的教育方面，虽是一字之别，但却有着不同层面的差异。我们是不应把“公众”与“公民”混为一谈的。

对“公民”和“公众”理解科学的国内外比较

从以“公民”为关键词检索文献得出的结果可以看出，国内学者在以“公民”为视角方面还是做了大量的工作的，但是以在法律、政治和社会学领域为主。在法学研究中，“公民”作为一个具有法律属性的称呼，它定义了人群范畴，也指出这一概念所具备的法律权利、义务和责任。在这个层面上，“公民”的称谓是无可替代的，因此这也是“公民”作为关键词时出现频率最高的领域。既然“公民”天生具备着法律属性，那么它同样在政治上也拥有着政治意味，与法学方面的研究相互结合时，在特指某一地区或领域的特殊政治情况时出现。“公民”在社会学中使用得就非常广泛了，更多的探讨是关于道德、经济、教育等。这里值得关注的是，我国大陆第一家以公民与道德教育为研究的综合性研究中心——北京师范大学公民与道德教育研究中心，该中心对于“公民”的概念及“公民身份”方面的研究是非常翔实的，并且对于公民教育、公民道德建设也做了大量工作。他们的研究中指出：“公民”并不是简单的一个称呼，历史上，早在古希腊就有对此词的解释了，并且“公民”一词也不是一成不变的，在不同历史背景下有着不一样的指向，不同的差异下，对于“公民”所赋予的特殊的属性不同，所承载的概念和意义也就大有区别。

总体来讲，“公民”是有它独有的定位的，当它与科学相关联时，更多的变化是出现在“公民科学素养”及“公民科学教育”两大方面。“公民科学素养”方面，国内有大量的学者一直在讨论，主要集中于“公民科学素养测试”是如何形成的，形成的过程、影响和意义，对于社会、媒体又有怎样的互动和影响，与国外或国内原有相关测试的比较和分析等几个大的研究方向。“公民科学教育”的研究也基本上是从历史的维度来看其演变和发展。我们在对于“公民”的教育上确实是做了一些工作，在体制上，方式、方法方面都有所转变和改进，但是在涉及“公民”的参与、选择和自由方面的权利的权限方面还是有限的，还是秉持着“我教你听、我给你用”的教育模式，而“公民”的所具有的特殊性没有充分得到重视，还是把“公民”与“公众”混为一谈。国外学者对于“公民身份”（citizenship）的理解和应用有大量的研究：与科学相结合成为新的“科学公民身份”，也有学者提出了“科学公民身份”概念是理解和评估科学与公众关系的新阶段。它不仅指当代社会中知识对于公民身份是关键的，而且指公民可以根据科研的可问责性提出合法的诉求。因此，它是一个科学知识的、社会中的、民主治理的适当形式的规范性理念，可用于探讨公民科学素养在理论和实际测评的意义。国内在以初探形式讨论“科学公民身份”时，很少有关于“公民”或“公民身份”方面的研究，即使提到了公民科学素养，也只是设想将“科学公民身份”引用到“公民科学素养”做分析，难免有“穿新鞋走老路”的嫌疑。

其实，“公民”（citizen/citizenship）的概念并不很复杂。在科学传播领域，若要是强调以“公民”为立场，则是在关注公民所拥有的法律和政治权利，默认与“公民”对话时要接受“公民”的参与权、自由权和选择权，大致形成平等互动的模式。通过对科学的理解，再结合公民教育的特点进行公民科学教育，使得双方达到互相理解。通过平等对话的形式可打破原有的上下级关系、教育与受教育的模型，也可更流畅地传播科学知识、引得公民更加活跃地参与。当未来公民教育改变了形式时，就会对从事公民教育的工作者提出新的要求和挑战。对于公民教育，教师在未来如何更好地进行工作也是值得关注的。这一群体的人不但承担了“公民”的角色，更肩负了教育者的重担，这也要求他们时刻铭记“公民”的权利才能进行教育者的任务。公民教育，不但对教育者有了新的要求，同样对于受教育者也要有及时的反馈和跟踪，了解学生们想要学到什么，什么是他们需要的，而他们对于未来的影响和作用又是什么。

“公民”概念随着时代的变化也是不断在改变的，这也要求我们及时地了解概念的变化才可以对于公民教育做出适当的调整和改进，才不会造成历史与现实对接不上的尴尬局面。随着我们对“公民”的认识和理解不断加深，对于“公民”的分类和探讨就越加的深化和明确，甚至将“公民”分出几种不同种类，他们之间也有着不同程度上的差别；再将“公民”放置于全球化的背景下，全球公民也成为另一群特殊的“公民”，继而也就产生了全球公民教育。以英国的LSE（The London School of Economics and Political Science）为例，全球治理（Global Governance）网页就是针对全球公民所设置，其中包含大量有关全球公民在教育、科学、经济等方面的内容。

在科学传播方面，“公民”身份是特殊的研究视角。以“公民”的立场看待科学传播，更多的是提倡平等、对话的原则，视公民对于科学的理解为社会发展的重要影响因素，提出“公民科学”是促进“公民”与科学家之间沟通的桥梁，只有更好地沟通才能促进科学的有效的发展。“公民”在科学的发展上，其重点是参与、选择的权利，这也是“公民”与“公众”或其他概念的核心的区别。意识到“公民”的决策权、参与权和选择权对于科学同样有效时，我们才能更好地进行公民教育，才能明白什么是好的传播形式和途径。反观国内对于“公民”的认识，往往只是在称呼上的转变，并没用对于它所隐含的意义加以深入地体会，在所涉及的公民教育和公民科学素养方面，也只是做了替换词语的工作，并没有对“公民”所附有的权利给予尊重和重视。

在理解科学中找回“公民”

在我们明确“公民”的概念和在不同层面的意义的基础上，又在与“公众”进行对比之后，可以比较深入地领会“公民”的特殊性。在我们对于科学传播的研究中，经常不怎么使用“公民”这一称呼，而更多地将受众称为“公众”，表面上只是名称的替换，但这却意味着我们默认地剥夺了受众对于科学的参与权、自由权和选择权，这就不是简单的同义词转换的问题了。

从传统意义上来讲，科学传播的形式是单向的，受众群体是被动地接受，即专家讲授、公众接受、没有反馈的传播，效果当然不好。在这种单向的传递过程中，不知道受众群体接受效果如何，也缺乏对话的环节，导致了这种传播方式的效果不尽如人意。当意识到传播效果的不理想时，学者们也开始试图了解“公众”，于是出现了以杜兰特（John Durant）为代表的缺失模型。缺失模型的主要观点是，公众缺少科学知识，因而需要提高他们对于科学知识的理解。其中，模型中隐设科学是绝对正确的假定，也是最大的问题，并且它只试图拉拢“公众”，并不允许“公众”参与，又将“公众”视为一群没有科学知识的人，剥夺了“公众”的权利。因此，受众群体在这里只能被称为“公众”，并没有“公民”的定位。

在缺失模型之后，又衍生出一批模型，如对话模型、民主模型，都试图地加重“公众”的话语权。科学传播的研究视角也转向科学技术的理想存在方式，也意识到让公众参与的重要性。在这样的契机下，像“共识会议”这类新的科学传播方式诞生了：通过作为外行的普通公众与作为内行的科学技术专家的对话形成共识的全新形式。这里的“共识”不再是专家们的“共识”，进行讨论的也不都是专家，公众开始参与会议，科学家也会吸收其中的一些建议。当然“共识会议”也并非一开始就是这般理想形式，也是逐步地给予“公众”参与权，慢慢地使“公众”向“公民”转变。“公民”不仅有参与权，也有知情权和否决权等，这些权利在科学传播的过程中是逐步被赋予的。

这也正像有国外学者在讲及两个概念的关系时所指出的：在公众理解科学领域，“公众的观点在于，一群活跃的、独立的、负责任的公民，他们拥有一定的权力、财富和相应影响力，了解最新的信息，为给自己的社会存在和社会旨趣创造条件而争辩……直到达成一种民主共识……从公众理解科学运动中得出的很重要的一项收益在于，一群具备科学素养的被授权的公众对于个人发展，以及公民社会建设所发挥的有益作用。”

在国内的科学传播实践中，也存在着对公民概念使用偏少的问题，其原因之一，也与我们对传播对象的“身份”的认识和理解相关。由于“公民”在科学问题上的参与权利的缺失，又没有有效的途径获取科学知识，因此导致双方沟通不顺畅，传播结果也只能不尽如人意。这导致了多个典型案例的出现。例如，2007 年至 2008 年，广东省大埔县，在当地经济背景下，人们出于对机构和专家的信任和依赖，当地居民也没有足够的科学知识来理解核能的风险，无法根据自己的社会身份和地理位置合理地计算风险和收益。直到 2011 年日本福岛核电站核泄漏事故发生后，大埔县当地的人们才意识到核危机，造成了社会的恐慌和对政府及专家的怀疑，产生了难以解决的社会纠纷事件。这个现实的例子说明，当我们将传播对象理解为“公民”，重视其权利，才有可能形成和谐的社会环境和对科学技术问题的恰当的解决方案，才可能实现在科学决策上的民主性。

2016 年 4 月 21 日，由科技部发布了《中国公民科学素质基准》（简称《基准》），不仅把一些科学知识纳入基本科学素质中，还加入了大量中国元素。值得注意的是，这一《基准》的命名，也意味着我国开始重视“公民”在科学问题上的权利。上文提到的“公民科学素养”也是同等情况，人们已经意识到“公民”异于“公众”的更为重要的特殊性。如何将这种权利落实、做好，是科学传播日后的发展方向，也是改善科学传播效果的根本所在。科学传播的形式由单向转变为双向，主体也随之进行着变化。主体的变化更意味着权利的转移，赋予了“公众”参与权、知情权等。这些话语权的获得，将使得“公众”越来越接近“公民”。

结语

在讨论了以上关于“公民”与“理解科学”的话题之后，我们对“公民”的含义有了新的认识。它不只简单地是一个称谓或一种叫法：当我们使用“公民理解科学”概念的时候，更要明确的是它背后所代表的权利，这些都是“公众”所不能替代的，而将“公众”作为主体时，已经是不自觉弱化或者剥夺了其权利属性，这也让我们忽略了很多问题。这些问题并不仅仅是用词不当，更多地反映出我们对研究主体认识得不够深入和细致。具有法律和政治权利的“公民”因其特殊的身份背景，在教育、经济和科学方面更为突出地体现其参与权、知情权、否决权等对各领域都有影响和意义。这些权利并不是要对某权威或机构提出挑战，而是为了更好地发展和互动，提倡更多的沟通，达到平等对话、双向交流的良好模式。

以往，我们更多地习惯于讲“公众理解科学”，而对国际上有学者讲的“公民理解科学”却关注不够，在这背后，意味着某种潜在的意识上差别，尤其是在中国的语境中，意识到这种两个概念在含义上的差别，对于改进我们的科学传播工作，应该是有重要意义的。

公众考古与公众理解科学
——以盗墓小说的普及为例①

引言

近些年来，在大众文学领域中，盗墓小说一直是很为流行的小说类型。从 2006 年起，《鬼吹灯》《盗墓笔记》《盗墓之王》等小说相继开始连载。盗墓小说这一网络文学类型一经出现就吸引了大批读者关注。盗墓小说用奇诡的情节设计和充满意外与未知的探险历程吸引读者，满足读者的阅读期待。同时，这些小说语言通俗幽默，风格活泼生动，削弱了由其题材和情节设置所带来的恐怖效果，缓解读者在阅读时的紧张情绪。起点中文网甚至在“灵异”频道下设了“寻墓探险”子频道，供读者快速在该分类下找到阅读资源。连带地，随着这些小说的流行，其中描述的诸多与盗墓场景相关的伪考古知识，也在读者中得到了广泛的传播。

在这些盗墓小说中，“下墓”是永恒不变的主题。在墓中，盗墓者们仿佛进入了一个异空间：穿山甲爪子制成的“摸金符”是盗墓者们身份的象征；黑驴蹄子和糯米是克制僵尸的法宝；黑狗血能够辟邪；开棺前要在墓室东南角点上蜡烛，一旦蜡烛熄灭，盗墓者就要立刻从墓室中离开……一系列由盗墓小说作者虚构的看似神乎其神但是在小说中又能自圆其说的“知识”和“技术方法”，随着盗墓小说的流行和

---

① 此文原刊于《洛阳师范学院学报》2019 年第 1 期，与吴因、章梅芳合写，收入本书时内容略有调整。

传播，被许多读者当成“标准的”考古知识和技术。同时，盗墓小说为了合理化盗墓这一违法行为，在书中往往将盗墓同考古相提并论，有些小说甚至宣称“考古是官方盗墓”。在这样的影响下，部分公众对考古产生了误解，认为考古同盗墓确实性质相同，考古工作也是挖坟掘地，专业的考古人员也会像盗墓小说中描绘的一样使用黑驴蹄子、墨线、蜡烛等工具。这种认知偏差随着盗墓小说及影视剧的流行迅速传播开来。

面对这样的情况，公众考古学界该如何应对？纵观历史，除了考古学经历过普及学科内容、获得公众支持的发展时期，其他学科甚至广义上的“科学”同样经历过类似的发展阶段。其中，与公众考古学性质较为类似的莫过于“公众理解科学”。公众理解科学运动曾针对有关科学的错误认识积极进行澄清，同时关注对科学的理解和对科学技术与社会关系认知的传播。

鉴于此，本文尝试结合盗墓小说的流行这一具体事例，通过对公众考古学与公众理解科学的理念与实践进行比较分析，总结、探讨二者的异同，对我国公众考古学的未来发展提出建议和展望。

盗墓小说中的伪考古知识

盗墓小说和影视剧拥有广泛的读者、观众群体。以《鬼吹灯》为代表的盗墓小说构建了一个真实与虚幻结合的异空间。小说中的盗墓者们往往以“摸金校尉”自居，以拥有一块用穿山甲爪子制成的“摸金符”为荣。“摸金符”不仅是盗墓者身份的象征，也是盗墓者能够在墓中逢凶化吉的守护符。“摸金校尉”并非完全来自盗墓小说的虚构，其原型可追溯至三国时期陈琳写作的《为袁绍檄豫州文》：“又梁孝王，先帝母昆，坟陵尊显，桑梓松柏，犹宜肃恭。而操帅将吏士，亲临发掘，破棺裸尸，掠取金宝。至令圣朝流涕，士民伤怀！操又特置发丘中郎将、摸金校尉，所过隳突，无骸不露。”然而，以穿山甲的爪为原料制作的“摸金符”则完全是盗墓小说作者虚构的产物。这一技术物借助了小说流行之势，在读者群体中得到广泛传播。盗墓者在下墓前准备黑驴蹄子、黑狗血，一旦在墓中遇到僵尸，就将黑驴蹄子塞入僵尸嘴里以避免被袭击；盗墓者把黑狗血涂抹在将要尸变的僵尸身体上阻止其尸变……这些都是盗墓小说里提到的技术。

同时，在盗墓小说中还虚构出了一套盗墓者使用的技术手段：在进入墓室后，要在墓室东南角点上一根蜡烛，若蜡烛熄灭则盗墓者应立刻离开墓室，不得带走墓中的财物。选择墓室东南角则是因为“东南方为巽卦位，方位辰巽巳，为人鬼进出之门。巽，入也、顺也，宜平稳。”除此之外，盗墓小说中也常有用糯米祓除身上阴气、以墨线捆绑棺椁防止僵尸从棺椁中暴起伤人的情节。显然，这些伪考古技术，已经属于非科学，甚至迷信的范畴。由于公众对考古的兴趣难以在公众考古领域得到释放，因此人们对考古技术和考古方法的好奇转而投射在盗墓小说中。依托惊险刺激的情节设计，盗墓小说里的种种技术手段得以在读者中广泛传播。

盗墓小说中对上述伪考古技术的表述被广泛传播，可以从以下数据中找到证据。例如，截至 2018 年 10 月，以“黑驴蹄子”为关键词在百度搜索引擎上的搜索结果约有 1 170 000 个，同名的百科词条有 1795 个点赞，19 条转发；以“黑驴蹄子”为关键词能够搜索出 531 张图片；以“摸金”为关键词则显示约有 13 000 000 个搜索结果。近两年，以盗墓小说为原型改编的影视剧作品也获得了不俗的收视率。像 2015 年上映的《九层妖塔》，就是以盗墓小说《鬼吹灯》改编的，获得了 6.28 亿元的票房；同年上映的《鬼吹灯之寻龙诀》则收获了 16.6 亿元票房，可谓广受公众欢迎。

实际上，和盗墓小说中包含的错误信息在公众中广为流行类似的情形在公众理解科学运动过程中同样存在。在生活中，公众时常会接触到各式各样的“科学知识”。1999 年，一位叫江本胜的日本人出版了一系列图书，其中《水知道答案》尤其知名。该书不仅风靡日本，在引进我国出版后也一度受到追捧。书中，江本胜用 122 张显微镜下的水结晶图片展示他的观点：“水能听，水能看，水知道生命的答案。”《水知道答案》的核心发现是水可以产生同人类相似的感情，能够识别不同的文字：在积极美好的情感影响下，水能结晶出美丽的晶体形状；在负面的情感影响下，水的结晶则会呈现不规则、散乱、丑陋的样态。

该书在国内流行一时，产生了巨大的影响。2004 年，廖建平在《警惕舶来的伪科学》一文中对该书的伪科学知识进行了批判。他指出，这本书夸大了水这一物质的功能，夸大了意识的能动作用，将偶然性事件作为必然性的论据，用非科学的方式解释科学可以解释的现象，庸俗化量子力学中的波动理论。2005 年，拉斯特姆·罗伊（Rustum Roy）、威廉·A. 蒂勒（William A. Tiller）等撰文指出，没有证据能够支持江本胜的实验结论。2007 年，日本女子大学教授左卷健男在《水は何も知らない》(《水什么都不知道》)一书中批评了江本胜宣传伪科学的行为。公众理解科学界在批评这类披着科学外衣传播伪科学的图书时，着重强调其技术方法、原理上同科学的巨大差异。例如，在对《水知道答案》的实验批评中，科学界批评其实验设计未遵循“双盲”科学原则、研究人员带有主观倾向地选取照片反映实验结果。同时，科学界也批评研究人员没有掌握水结晶的科学知识，相关研究表明水的结晶形成仅与其所处的环境温度、湿度相关。

公众理解科学除了对流行书籍中的伪科学知识进行辟谣外，还关注其他传媒中容易引起公众误解的“科学知识”。如某知名微博号每年都会评选出年度十大科技谣言。2017 年上榜的科技谣言有：“食品造假：紫菜塑料做，虾蛄注胶……”“地震云可以预报地震”“一滴血可以检验癌症，结果立等可取”等。这些科学传播工作者针对在公众中传播的错误的科学知识，在尽力地进行纠正，尽管其效果并非很理想，但其做出的努力却是有目共睹的。

公众考古的应对措施

与致力于科学传播的“公众理解科学”工作类似，与考古领域相关，也存在一个名为“公众考古”的领域。“公众考古”（public archaeology）是在 20 世纪 70 年代由查尔斯·麦克基米西（Charles R. Mc- Gimsy）首次提出的概念。之前，北美考古学界在原有的“文化资源管理”概念基础上开始关注考古学与公众的关系问题。20 世纪 60 年代末至 70 年代初，美国考古学界提议制定一个全面的文化遗产保护计划，这个计划被麦克基米西命名为“公众考古计划”。该计划强调，除对文化遗产进行保护和管理之外，还应增加包括志愿服务、公众阐释与教育等内容在内的其他措施。公众考古的最终目标是保护考古资源、教育公众对此类考古资源进行保护的管理伦理。随着时间的推移，国外公众考古呈现了多元化的发展态势。国外常见的公众考古类型有：同公众合作的考古学家（archaeologists working with the public）、业余考古（archaeology by the public）、公众考古机构（public sector archaeology）、考古教育（archaeological education）、开放的考古学（open archaeology）、通俗考古（popular archaeology）、学术交流中公众考古（academic public archaeology）等。但这些活动有一个重要基础，即公众是具备正确的考古知识的。

具体到我国，公众考古又同传统中所称的“考古学大众化”理念密切相关。中国的考古学以金石学为前身，在近代受到西方科学方法的影响后，我国的考古学家们出于强烈的民族主义开始探寻中国文化的起源。公众考古宣传的考古是发现、研究、保护、利用、传承历史文化遗产的科学。考古学是一门研究过去的学问，在考古的实际研究中运用了各类研究方法和技术手段。公众考古的核心概念为“考古学利益相关者”（public stakeholder）、“解释”（interpretation）与“交流”（communication）。

我国公众考古的实践形式可归纳为以下主要类别：以图书、报刊与影视媒体为代表的传媒考古；以大学通识考古教育、社会讲座、考古遗址博物馆教育为代表的教育考古；以考古夏令营、考古探险活动为代表的考古活动；以考古展览、遗址博物馆和遗址公园营造建设为代表的考古展示。

正如前面所讲的，公众考古学的重要基础之一是公众具备正确的考古知识，也就是要让公众具备正确的而非错误的考古知识。但就盗墓小说中那些错误的考古知识随着小说本身的流行而被广泛传播而言，我国公众考古领域积极、正面的回应却并不多见。目前，公众考古的回应主要分为以下两类：

第一类回应从根本性质上区别了考古与盗墓。就盗墓小说来说，这只是一种背景的、间接的回应。例如，高蒙河通过报纸这样的大众平台发声，指出考古是发现、研究、保护、利用以及传承历史文化遗产的科学，与盗墓泾渭分明。他批评了将考古与盗墓画等号的行为。胡小伟撰文指出，盗墓行为首先窃取和破坏了墓葬中的文物。考古工作者在发掘古墓时会对墓葬进行科学的清理、绘图，最大限度地获取墓葬保留的历史信息。盗墓者窃取墓中文物，破坏了考古工作者研究的基础。与此同时，盗墓者对文物的挑选是根据市场价值多寡进行，往往会破坏不为文物商看重但是却具有极大历史文化研究价值的文物。现代的盗墓者更是利用炸药对墓葬进行爆破，毁坏了墓葬形制、随葬品陈列方式等历史文化信息的载体。这些回应往往讨论的是现实中的盗墓行为的危害，而不是纠正盗墓小说中流行的错误的考古知识。

第二类回应，从盗墓小说中传递的错误价值观念与文物保护意识角度出发，表达了对盗墓小说的流行现象的担忧。田萌撰文指出，盗墓小说的盛行容易使公众对考古学产生误解，甚至错误地将考古认为是“官方盗墓”。这给考古、文博工作者的工作开展增添了许多困难。其次，他认为，盗墓小说中的人物对文物的保护意识往往较差，受到这种错误引导的大众，可能会对文物考古的价值产生误解，忽视文物承载的历史和文化内涵。张涵发现，盗墓小说中充斥的盗窃文物、破坏文化遗迹的行为，不利于让公众树立起保护文化遗产的观念。而且，盗墓小说中一夜暴富的情节，也是不正确价值观的体现。但这基本上还是一种更为一般性的、涉及立场的和价值维度的回应。或者也可以说，诸如此类的批判往往是针对盗墓同考古的性质而言的，少有针对盗墓小说中提到的盗墓技术同实际研究中使用的考古技术的差异进行分析。公众对考古的兴趣难以在公众考古领域得到释放，人们对考古技术和考古方法的好奇转而投射在盗墓小说中。依托惊险刺激的情节设计，盗墓小说里的种种技术手段得以在读者中广泛传播。

公众考古针对盗墓小说的流行所带来的负面影响采取了种种措施，然而取得的效果并不理想。公众考古的“公众”属性同考古学利益相关者紧密联系。公众考古的最终目的是在推动考古学与公众的双向理解的基础上，保护考古资源和文化遗产。考古学家可以通过交流了解公众想要获得何种知识，公众则可以通过交流理解考古学的研究内容、研究方法等他们关心的知识。在澄清盗墓小说带来的公众对考古的误解时，公众考古往往从盗墓同考古的区别入手，辟谣考古同盗墓的性质不同。公众考古强调盗墓行为是以利益为驱动的，而考古是出于对历史进行科学研究的目的而开展的。在辟谣时，公众考古少有针对公众感兴趣的盗墓技术、考古技术进行解释。这使得公众考古的解释与公众的关注点脱节，从根本上难以说服公众。

田野考古和学科研究的封闭性、专业性使考古学在同社会公众的沟通上存在着缺乏透明度、信息不对称和语言差异等问题。公众考古的重点应在于推动公众参与考古过程，而不是考古工作者以“施舍”态度进行的单向教育。考古学界声嘶力竭地呼喊口号并不能起到澄清考古学意义的作用，发挥作用的是考古学工作者如何对待考古学。

比较或借鉴

鉴于公众考古与公众理解科学的相似性，我们不妨在此进行一些比较。在公众理解科学领域，其实是很关注科学的划界问题的，要在传播过程中明确传达“科学是什么”的问题，同时也非常关心可能会损害科学形象的以科学的名义传播的非科学知识的问题。关于科学划界的讨论，始终是科学哲学的核心问题。学者对科学的划界讨论为公众理解科学提供了传播范畴的限定，明确了公众理解科学的具体传播内容。但我们也应注意到，在这个领域中，面对在公众中传播的非标准的科学知识（有时甚至被称为“谣言”），许多相应的澄清效果也并不都很理想。尤其是在早期，在传统的基于“缺失模型”立场的科学传播中，传播者高高在上地以权威的姿态向公众单向地灌输，其传播效果经许多研究证明是很不理想的。另外，还有公众的心理及需求的问题。在现实中，许多被认为是伪科学的知识反而对公众很有吸引力。其原因与机制，也是公众理解科学领域更需要关注和研究的问题，而不是仅仅靠更正和辟谣就能解决的。

上文提及的我国考古学界针对盗墓小说流行导致一部分公众对考古和盗墓产生认知混淆的情况，就考古同盗墓的性质不同进行了辟谣。但他们主要强调盗墓行为是以利益为驱动的，而考古则是出于对历史进行科学研究的目的开展的。在辟谣时，公众考古少有针对公众感兴趣的盗墓技术、考古技术进行解释，这种缺位不能不说是公众考古界的重大失职。公众理解科学在面对大众认知中错误的"科学"时，往往从其不符合科学的部分入手，具体讨论这类"科学"的理念、技术同科学不符合的部分。公众考古澄清的主要是考古同盗墓的区别：盗墓行为是对墓葬中文物的巨大破坏；粗暴的盗墓方法（如使用炸药）毁坏了包括墓葬形制、随葬品陈列方式在内的历史文化信息载体……诸如此类的批判往往是针对盗墓同考古的性质而言的，少有针对盗墓小说中提到的盗墓技术同实际研究中使用的考古技术的差异进行分析。实际上，盗墓小说中涉及的工具与技术的界定是相对客观的。例如小说中提到的黑驴蹄子，在考古工作中并不会被使用。因此，这种伪工具是较容易识别的。辨析清楚何为真正的考古、何为伪考古后，再进行辟谣就更有针对性了。

因此，在面对来势汹汹的盗墓小说时，公众考古也要把握住大众最为关心的伪考古知识，有针对性地进行考古知识的传播。类似黑驴蹄子辟邪、糯米祓阴气等"行规"在盗墓小说中常常出现，引发公众进一步好奇：考古工作者在进行田野调查时，也会有所谓的"行规"吗？实际上公众并非对盗墓与考古的根本性质差异全然无知，他们更好奇盗墓小说中光怪陆离的盗墓工具。公众考古应能够同公众理解科学对待谣言一样对待盗墓小说中的伪考古知识，找准公众真正关心的伪知识根源，以积极主动的态度回应公众的好奇与误解。但是，来自公众理解科学领域的经验却也在提示我们，即使如此，也不一定能达到理想的传播正确考古知识的目标，尤其是那种基于缺失模型的传播，其效果就可能会更要打折扣。

最后，我们还应该注意到盗墓小说案例的特殊性。盗墓小说的流行实际上反映了公众对于某种娱乐性的追求。除了更为一般的像惊险和恐怖要素对读者的吸引力之外，盗墓小说还使用大量网络流行语，夹杂着英文、歌词等流行元素，贴近年轻的读者群体。有时，为了营造氛围，角色也会说一些方言。类似的处理使小说显得更加真实，也在一定程度上提升了趣味性。甚至在盗墓小说中也会出现生造词语的情况。如在盗墓小说界赫赫有名的“粽子”一词，就是《鬼吹灯》作者自己创造的，用来指代古墓中的僵尸。后来这个词成了盗墓类小说的“黑话”，读者读到这个词就能明白其含义。不仅如此，盗墓小说中还不乏拼贴艺术的运用。拼贴一词来源于绘画创作，指将不同的材料以聚合的方式合成为新的艺术作品。后来这技巧被广泛用于后现代主义文学创作中。在盗墓小说里，常常会出现直接或间接地引用广告词、公文、语录、标语的情况。当这些词语进入盗墓小说中时，由于语境的变化，产生了新的含义，大大消除了文本的严肃性，增加了文本的游戏性。这些都使盗墓小说呈现后现代平面化的倾向。在这样的娱乐精神的影响下，盗墓小说不免会对历史进行一些虚构，对盗墓行为进行想象，从而满足读者对于神秘事物的好奇与娱乐需求。盗墓小说在公众复杂的心理与娱乐性之间取得了一种平衡。公众考古如果过分苛责盗墓小说应该从实际出发，反而破坏了这种平衡。公众考古学在国内的发展主要还处在吸引更多的人群关注考古学的阶段，努力澄清考古的目的、意义。公众参与并不仅仅是在缺失模型指导下的考古学家单向教授公众考古知识，或许也可以在分析读者阅读心理的基础上，以考古作为题材，创作出既具有科学性，同时又满足读者阅读兴趣的考古类小说，以传播正确的考古知识。

考虑到上述的复杂因素，无论是在公众理解科学领域还是在公众考古领域，几乎唯一可能的方式，也许就是加大正面的、对正确知识的传播的力度而已。

风险研究的新视角[1]

当下，按照某种说法，我们的社会已经进入了某种“风险社会”阶段。虽然人们在听到“风险”这个概念时，会不自觉地觉得很了解，但如果深入追究下去，会发现其实这个概念远远不像在未加深思的情况下听上去那么简单。例如，某种具体的风险究竟是什么，是某种实在的东西，确定的东西，还是人们想象出来的、不那么确定的东西？人们是如何感觉到和了解某种风险的？当人们从各种媒体上获知各种信息时，是如何通过这些彼此不同甚至相对冲突的信息来形成自己对风险的感知和确认风险的？各种媒体又是如何选择立场、选择报道的内容，并通过这些报道来影响人们对风险的认知的？

如果说，风险只是某种确定无疑的存在的东西，而媒体对之的报道或是真，或是假，那么，只要我们努力确定媒体报道的真假，自然就可以把握风险的真相了。但国内外许多的研究表明，事情远非如此简单。

所谓风险，可以包括各个方面、有各种类型，其中，环境风险也许是最为让人关心的议题之一，尤其是在当下的中国。在这方面，已经有了许多曾引起社会普遍关注，甚至于引发了社会风波的实例。这本著作的研究对象，就是其中非常著名的一例，即 PX 项目[2]。

虽然说该书只是对近年来中国的 PX 项目引起的社会关注进行研

---

① 此文系为岳丽媛著的《科学与风险认知：中国“PX”风险的媒介话语建构》一书（金城出版社出版，2019）所写之序言，收入本书时内容略有调整。

② 即对二甲苯化工项目。

究，但这个案例本身的复杂程度和涉及的方面，却远远超出了人们的日常想象。它涉及人们对科学技术本质的看法（即科学技术观问题），涉及对科学技术与社会、经济和生活的发展的看法（即发展观问题），涉及与科学技术之应用相关的社会治理问题，也涉及与社会舆论、科技传播、环境传播等多个领域相关的问题。

无论是侧重理论还是侧重实际的问题，国内外有关的科学传播、环境传播的研究已经有了一些，但针对国内的 PX 项目事件的透彻深入的研究还不多见。而且，PX 项目事件，表面上看似乎只是科学技术在生产中的应用引起的社会争议这样一个具体的现实，但要对之有真正理解，却不能仅基于表面现象就能达到，而是需要有深层的学理性研究。该书，如果要给一个明确的定位的话，应该说是基于科学元勘（Science and Technology Studies）的立场和视角，利用这一领域中的一些新理论和新的研究、分析方法，针对国内一系列与 PX 项目相关的社会风波中有关“风险”争议的科学传播或环境传播研究。

从这样一种定位中，我们可以看到该书的几个关键词：风险、媒体话语、社会建构。因为在这个特定的传播研究中，核心问题是人们对风险的认知。究竟何为风险，说深了，更接近于一个哲学问题，但从传播学的角度来看，正是各种媒体通过其传播的话语，将对风险的不同表达传递给受众。在通常过于简单化且未经反思的观念中，会认为媒体所传达的风险，或是真，或是假，再复杂一些，也至多是真与假的不同比例的组合。该书作者收集、整理了大量经验数据，基于实证研究，利用媒体话语分析的方法和站在社会建构论的立场，发现恰恰是不同的利益相关方，如地方政府、石化企业、专家、公众等，基于各自的利益，对 PX 项目的风险进行了不同的“社会建构”。这样，即使先搁置那种在终极的哲学意义上对究竟何为风险，以及风险是否具有唯一性、客观性等的考虑，仅从这样的传播学角度进行考察，也还是可以发现通过社会建构而在媒体中传达的关于 PX 项目的风险的多样性和不唯一性。

要做这样的研究，需要有在多个领域的学术准备和跨学科的研究能力，该书作者岳丽媛的学习经历正好与此需求相符。她曾在本科和硕士阶段学习传播学，博士期间在曾随张增一教授在中国科学院大学的科学技术哲学专业的科学传播方向学习，而在清华大学做的博士后的学习和研究又是在科学技术与社会和科学传播方向。作为她的博士后合作导师，我比较了解其在学术研究上的努力和勤奋，觉得正是该书作者这种结合了传播学、科技哲学、科学技术与社会，以及科学传播的学习和研究背景，再加上其良好的学术理解力，才使得该书具备了从方法到理论上把传播学和科学技术与社会相结合的新视野。因而，该书研究的发现和结论，也对我们理解在中国的语境中，环境风险问题的复杂性，并对如何解决问题提供了参考。这也是近年来国内在环境传播研究领域重要的、有新意且有特色的学术成果。

在此祝贺该书的出版，希望作者未来能有更多、更出色的研究著作，也希望在科学传播、环境传播，以及科学技术与社会领域中，能有更多的这样以新视角、新方法和新理论来研究中国现实问题的学术探索。

公民科学素质测量需要更多的理论研究①

多年来，公民科学素质调查的结果是国内衡量科普工作效果的重要指标。这些年来，其调查的数据结果也显示公民科学素质有较大幅度的提升。然而，对于这样的调查，学界也一直存在诸多的争议和讨论。其中一个重要的问题是，这种调查所依据的理论是否恰当。但长期以来，虽然讨论很多，但真正深入地对相关理论进行学术性研究的工作却很有限。

在国际上各种与公民科学素质测评相关的理论中，米勒的理论应该是对中国的公民科学素质调查影响最大，关系也最为密切的。虽然现在情况已经出现了一些改变，但对米勒的理论进行系统的梳理、研究和总结，无论从科学传播史的角度还是现实需求上讲，仍然是有迫切的需求的。这也正是该书的意义之所在。中国科协-清华大学科技传播与普及研究中心在其研究文丛中收入该书，也是基于这样的考虑。

李红林曾在清华大学科学技术与社会研究所随曾国屏教授攻读博士学位。该书的主要内容，也是其博士学位论文的内容，应该说，对这篇博士学位论文的写作，李红林是下了很大的功夫的，是在查阅了丰富的文献，并进行了深入的研究的基础上写成的。此次作为专著出版，也可以使更多关心相关问题的科学传播研究者更为方便地参考。毕业后，她在中国科普研究所和中国科普作家协会工作，仍是从事科学传播方面的工作，前期的研究工作，也为她后来的工作打下了很好的基

① 此文系为李红林著的《公民科学素质测量的理论与实践研究：以米勒体系为线索》（金城出版社出版，2018）一书所写之序言，收入本书时内容略有调整。

础。实际上，在科普，或者说科学传播领域，很长时间以来，一直有一个倾向，即比较注重有显示度的实际工作，而对理论研究则不够重视。这也可以说是导致如今在科普或者说科学传播工作中存在诸多问题、距理想效果有很大差距的重要原因之一。像该书这样的与现实工作关系密切的基础理论研究，正是值得鼓励的——只有理论研究积累充分，才有可能真正让实际工作具备良好的发展基础。

要改进和完善我国的公民科学素质调查，还有大量的工作需要去做，还有众多的理论问题需要进一步探讨。不仅仅限于公民科学素质调查，这样的研究工作也会给我们思考科学传播问题带来新的思路和启发。希望未来能有更多这样的著作问世。

中国视角下的域外博物馆印象①

徐善衍老师的这本题为《域外博物馆印象》的书稿，终于非常艰难地写成了。徐老师嘱我为该书写一个序，这实在是件令我颇为作难之事，因为，后学为前辈和领导之书写序，显然并非得当之举。但我还是硬着头皮应了下来，毕竟我很了解这部著作的诞生过程，以此序向读者介绍一些作者不便多说的背景，让读者更加了解此书的价值，对于作者，对于该书，对于中国科技博物馆的发展，以及对于中国的科学传播工作，可能会有些许的意义。

这本书应该说是很有一些特殊性的。首先，是作者身份的特殊。徐善衍老师原学习邮电专业，曾在邮电系统工作多年，后调到中国科学技术协会任党组副书记、副主席，还曾任全国政协教科文卫体委员会副主任。退休之后，又曾担任全国自然科学博物馆协会理事长。从2005年起，受聘于清华大学任兼职教授，至今仍在中国科协-清华大学科技传播与普及研究中心任理事长职务。他在中国科协长期担任领导职务，因此，对科普工作，他从领导者的角度有一般科普工作者和研究者所不具备的管理经验，也因而具备了对中国科普工作的特殊理解方式和对现实状况的全面把握，更是直接主抓了许多重要的科普项目，例如，他是中国科学技术馆筹建工作的参与者和领导者。在退休后主管中国自然科学博物馆协会期间，他对国内科技馆的现状和问题有了更多的了解和思考。国内能够以这样的背景来写这样一本书的作者，

① 此文系为徐善衍著的《域外博物馆印象》一书（中国科学技术出版社，2018）所写之序言，收入本书时内容略有调整。

可谓再无他者。

其次，是作者思想观念、立场和思考方式的特殊。虽然具有一般人难以具备的上述背景，但他从退休之后，尤其是任清华大学兼职教授之后，观察和思考问题的立场开始转变，而不是仅仅继续保持着原有的领导的特色。许多人在与他的交流中，可以明显地感觉到那种学者的风格和思考方式。他经常会提出一些颇为深刻但又独特的观点，同时又具备对重大问题和大事全面、综合把握的格局。

再次，是在作者经历的丰富和视野之广阔上的特殊性。徐老师无论是在就任领导职务时，还是在退休后，持之以恒地投身于科普事业，特别是对科技馆问题的研究，特殊的经历和身份使得他有机会亲自考察国内外众多的科技馆。目前，就考察过的科技馆的数目来说，他差不多可以说是国内第一人了。这样的考察经历，自然也为他带来了对科技博物馆的全球现状及相比之下反衬出来的国内科技馆存在问题的非常全面、深入的认识。因此，这样的考察印象也就更有了针对中国科技博物馆存在问题的特殊指向和参考借鉴功能。

最后，是作者对于国内科普工作和科技馆事业的献身精神。徐老师现在已经年过七十，但他却依然不甘清闲，日常工作的紧张程度丝毫不亚于年轻人。现在国内各科技馆从筹建规划，到调整完善，几乎都要请他做咨询专家，而徐老师也几乎逢请必应，继续奔波于国内众多科技馆之间。也正因为这种忙碌，使得该书的写作工作一拖再拖。不过，好在现在终于完稿，可以与读者见面了。

以徐善衍老师的经历、身份、见识和年龄，他并没有像许多人那样去安享晚年，去撰写个人回忆录，而是把他在考察国外众多科技博物馆和其他博物馆的心得整理总结出来，这是非常珍贵、难得的信息和反思。从以上介绍的情况来说，这本书对中国科技博物馆未来发展的借鉴意义，也就显而易见了。

科普的“政绩逻辑”①

当下，在国家层面，对于面向公众的科学技术普及工作，已经被提高到很突出的位置。例如，在立法方面，我们有全世界独一无二的《中华人民共和国科学技术普及法》；在具有操作意义的政策方面，我们有《全民科学素质行动计划纲要（2006—2010—2020年）》，有各种目标明确的“计划”“工程”“行动”。以提高全民科学素质为导向的各类科普工作，也成为各级政府的多个部门联席办公会议的日常内容，在人力、物力、财力上，国家对于科普工作的投入逐年增加。所有这些，可以说是对于科普工作在体制上的有力保障和支撑。

但另一方面，我们又会看到，现实中虽然许多科普活动搞得轰轰烈烈，但在实际效果方面却并不理想，并存在诸多问题。虽然在定期的中国公众科学素质调查中，显示公众的科学素质在不断提高，而各级政府亦将公众科学素质的调查数据作为其政绩之一（尽管在2015年我国具备科学素质的公民比例也只达到6.20%），但在那些投入了大量人力、物力来进行的“科普活动”与公众科学素质调查数据的提升之间，究竟是怎样的因果关系，恐怕也还是不那么确定，至少很难有明确的证据表明其因果性。

除了公众科学素质之外，还可以举出许多科普效果不理想的事例。例如，有关科学的电视节目的收视率不高；科普图书普遍印数少得可怜，阅读者过少；更多的公众对科普活动并不关心，如此等等。

那么，为什么在政府的大力度开展科普工作和现实的科普工作效

---

① 此文原刊于2016年第3期《洛阳师范学院学报》，收入本书时内容略有调整。

果并不理想之间会形成如此的反差呢？原因可以有许多，这里只着重分析其中的一个，即在当下政府作为主力军来开展科普工作时，在许多时候，首位地，遵循的是一种“政绩逻辑”。

说到政绩，现在大家都不会存在理解上的困难，也都能体会到当以政绩作为主要导向时，会给各类的发展带来各种问题。从城市建设到经济发展，各种因政绩导向而带来的问题可谓比比皆是。

就科普来说，因为笔者也曾参与许多官方组织的科普工作，无论是基于直接体验，还是就所见所闻，都可以举出许多的实例。

就一种最常见的科普形式——科普挂图来说，在基层的各个社区、街道几乎都可以看到。那么，有多少人真正会驻足于此认真观看、阅读呢？挂图从内容到形式、从图片到文字，是否真的做到引人入胜从而引发人们驻足观看的兴趣？大家恐怕心里都是有数的。但为什么偏偏挂图会成为最流行和常见的科普形式呢？一个重要的原因，就是在多长的时间里，挂出了多少幅、多少面积的挂图可以用量化的方式来考核，挂图摆在那里就是可见的进行了科普工作的证明。这样的方式是符合“政绩逻辑”的，而那些以带来更为深入人心的，在意识、观念、认知甚至行为方式等方面的改变的其他科普工作形式，虽然可能更有价值，更有意义，但从可显示性上，却难以确切地表现工作的“政绩”。

又比如，每年，在许多城市，都有一些大型的科普活动，如“科普日”“科普周”。每次举行这样的活动，人力、物力、财力的投入也是极其可观的。在这样热热闹闹、轰轰烈烈的活动中，上级领导也会亲临现场表示对科普工作的关心，而活动的规模、形式、表现等，则是组织者的“政绩”的直接体现。但像这样的活动，究竟其科普效果如何呢？虽然一些活动也有当时或事后的效果评估，但其实际的科普效果，无论官方评估的结果如何，正如人们在直观上就可以感受到的那样，其实是颇可怀疑的。至少，在效益上，就投入产出比来说，也是不划算的。

再比如，随着政府各部门科普经费的增加，各级政府资助了许多科普项目。在对被资助的项目选择、考核和验收上，也同样受意识形态的、体制的、官僚规章等多方面的因素影响而未能做到理想程度。笔者曾在某次评审活动时，问另一位专业的科普从业者：“如果这是你自己的钱，你要做公益事业来资助科普，这些项目你会选择哪些？”对方的回答并不出人意料：“这里绝大部分的项目我都不会选择！”

近来，我们还看到，最新发布的文件《全民科学素质行动计划纲要实施方案（2016—2020年）》中提到“到2020年……公民具备科学素质的比例超过10%”这样的说法。这让我们想起过去典型的计划经济时代常见的那种风格。公众的科学素质的提升，居然是可以定量规划的！早在这之前，笔者就曾见过基层为了让公众科学素质测评指标达标，而让工作人员专门为公众做辅导，讲解试题，甚至让公众去背标准答案的做法。其实，这又何尝不是一种作伪！这种方式，连被我们现在所批评的正规教育中那种应试教育都不如！

关于科普，类似的例子还可以举出许多许多。遵循“政绩逻辑”而不是科普自身的规律或教育的规律，可以说是其科普效果不理想的共同的重要原因之一。当以“政绩逻辑”这种眼光来思考和解释当下的许多科普工作及其存在的问题时，相信众多的科普工作者是可以理解且深有感受的。

至于如何打破这种“政绩逻辑”，让科普工作回到符合其自身规律且可取得良好效果的正常轨道之上，那就是需要更多讨论的另一个问题了。本文，只是先指出了问题之所在而已。

以什么方式促进公众理解科学①

在公众理解科学方面，有一个理论被称为缺失模型。这种模型假定了公众缺少科学知识，因此需要对公众传播科学知识。随着公众对基本科学知识的了解的增强，他们的科学素养就会提高，这对于社会的发展会有益处。按照这样的观念，科学研究成果就需要传播给公众。这样的模型是一个单向传播的模型，公众作为一个被动的受众承接这些知识。

到了21世纪初，很多学者对于这个模型提出了质疑。如何准确地把这些知识传达给公众？现在的一些传播理论认为公共理解科学的活动并不一定是单向的过程，而是互动、双向过程。

从国际上的研究来看，在缺失模型之后，有公共理解科学中的民主模型、参与模型等。这些模型的提出，给公众理解科学实践的过程带来了一些新的动向。这里面有一个重要概念，即所谓的地方性知识。简单地讲，地方性知识有别于标准化的、普适的知识。例如，中国的中医理论就是一种很有地方性色彩的知识。

科学传播领域中有关对缺失模型的反思和对地方性知识之价值的认识，国际上也有一些经典的案例研究，像英国的坎布里亚羊事件，公众对生物技术的态度，欧洲关于转基因食品的争议等。在这些案例中，一个重要的提示是，在实践中，存在着公众对于科学、科学家和政府的一种对抗和不信任。

在经济全球化的时代，我们若只是关起门来按照传统思路进行科

---

① 此文原刊于2007年1月15日《浙江日报》，收入本书时内容略有调整。

普，这显然不是理想、恰当的方式。我们至少应该看看别人在怎么想、怎么说，甚至是怎么做的。《全民科学素质行动计划纲要(2006—2010—2020年)》(简称《纲要》)的颁布实施确实是我们在科学普及领域中的一个里程碑。但是对于这样的《纲要》要如何进行解读？也许我们在关注他人经验的基础上，可以有一种多元的理解。他人的经验对我们的实践和理论研究具有启发意义。

在西方的科普实践中，有着从单向的传播模式变成双向、多向的趋势。在这方面，有一种非常具体的措施，就是共识会议。

共识会议的雏形最早出现在美国，后来经过一系列的变化，比较成熟的模式是丹麦在20世纪80年代完成的，很多的国家都借鉴了这种模式。按照丹麦技术委员会的定义，共识会议就是公众参与，并使公众在科学技术问题及相关领域的评估中扮演重要角色。除了丹麦，日本也有类似的共识会议。在20世纪90年代末，日本召开了第一次共识会议，主题是转基因治疗。第二次共识会议的主题是网络技术。到2002年，全世界范围内已经召开了几十次类似的会议。这些会议大多涉及敏感、有争议的话题。比如基因改良食品、电信等。

科学传播中的共识会议带给我们很多的启示和思考。比如这里面涉及的双向交流：如果让公众讨论相对论是否成立，就会非常荒谬；当科学和技术应用到社会生活，涉及决策的时候，共识会议就需要科学界以外的人士参与了。

三、科普阅读

科普阅读，指的自然是对科普作品的阅读。除了把科普作品当作阅读对象的作为阅读行动的这一理解之外，对于科普作品的研究、分析、解读、评论等，也是与科普阅读相关的重要内容。由于种种原因，国内对图书类作品的评论并不令人十分满意，因而，有学理基础、有观点、有新意、有启发性的作品评论，对于促进作为阅读行为的科普阅读具有非常重要的意义。

为什么要讨论科学究竟是什么
——兼评《什么是科学》①

关于“科学是什么”这个在许多人看来是不成问题的问题，在科学哲学家及对此有兴趣的相关学者的圈子中却被认为是十分重要的问题。相关的讨论由来已久了，从科学的概念和西方科学被引进中国之后，在国内长期以来的多轮讨论中，似乎也远未达成被人们一致认可的结论。关于像“中国古代是否有科学”等问题的讨论，该问题作为延伸，也应该算是相关讨论的一部分。实际上，就国际范围来说，这也还是一个颇有争议的话题。像这样的讨论，应该是可以无限地进行下去的。

在以往，就此问题，其实还是有一些很有影响的经典文章和专著的。例如，科学哲学家查尔默斯（A.F. Chalmers）的《科学究竟是什么》（*What is This Thing Called Science*）一书，第一版、第二版和第三版均有中译本出版，在科学哲学界影响很大，至今还是许多高校的科技哲学、科技史等学科研究生入学考试的指定参考书。但查尔默斯那本书，毕竟是西方人以写给西方人作为一本科学哲学入门读物为出发点的，虽然有着一个吸引人的书名，但其内容却是介绍西方科学哲学关于如何定义科学，如何为科学与非科学划界等有关问题的代表性成果。

近来，吴国盛教授的新著《什么是科学》的出版，再次引起了新一轮的对于“科学是什么”的问题的讨论。

---

① 此文原刊于《科学》杂志 2016 年第 6 期，收入本书时内容略有调整。

狭义的科学定义带来的问题

首先，这本书的书名是《什么是科学》，而不是以往人们说的比较多的“科学是什么”。这一语序的变化，在该书作者看来其实是有特殊意味的，尽管其深层的含义要通过仔细阅读和思考才能悟出一些。正如该书作者在其“自序”中所讲的，在西方的科学哲学中，科学的指称是清楚的，“科学是什么”这一问题所要讨论的，是对这种明确对象的科学进行哲学考察和研究。而吴国盛则是要在中国的语境中，对将那种作为明确指称对象的“科学”这一前提进行讨论。因此，他先是考察了在中国语境中“科学”这一概念的由来，然后，按照他的理解，尤其是以其对古希腊学术背景的细致研究，以及对现代科学的溯源（包括基督教背景和数理实验科学的形而上学基础）的讨论，给出了一幅他所理解的科学的图景，并在最后从博物学的视角，提出了“中国古代的科学更多地属于博物学”这一说法。

这样一种讨论的方式，是结合了科学哲学的观念，以科学史为叙事线索给出的在作者心目中什么是科学的一种描述。因作者多年的研究和思考，这样的处理方式有其优越之处，特别是，能让读者很清楚地明白在该书作者心目中所认为的科学是什么。尽管在最后作者提出的“中国古代科学更多属于博物学”的看法，与其论述何为科学的核心立场，还是存在着一定的逻辑矛盾的。

但与此同时，这种最新的关于何为科学的研究，也带来了更多的对此问题展开讨论的空间。在这里，可以试举几例，以说明这样的讨论还可能会涉及什么。

其实在一种最简单的处理方式中，就是先给出对科学的某种定义。例如，倘若狭义地定义那种诞生于 16 至 17 世纪欧洲的近代西方科学才是真正的科学，那么，其他与此不同的传统的知识系统当然就不属于科学之列了，尽管我们还可以对与此相关的知识系统进行讨论。比如，我们可以把古希腊的“科学”作为其前身，或者萌芽阶段，把后续出现和完善的数理实验科学作为其发展的阶段，如此等等；但在与之不同的背景下出现的其他与近代西方科学的起源和范式均不相同的知识体系，如中国古代的天学，以及中医等，自然也就不属于在这种定义之下的科学了。西方的科学哲学家们所做的工作，往往是先潜在地依据这样的定义，在指称明确的科学对象之下（即吴国盛所说的“在近代欧洲诞生的以牛顿力学为代表的知识类型”），进而分析其规范、划界标准等。这种对科学做出狭义的定义，然后再排除其他知识系统的做法，固然简单，但也有其问题。

比如，近些年来科学史界越来越关心的非西方传统的“科学”，其研究的合法性便成为问题。虽然人们也可以说，因为那是“科学史”中的“科学”所指的，与定义中所指的科学并不是在同一语义层面的东西。现在也有用“地方性知识”等概念来指这些非西方科学传统的知识，但“地方性知识”又可以是一个更大的概念，为什么科学史中只研究某些地方性知识，也还是问题，更何况在像科学实践哲学或科学人类学等领域，甚至会认为西方近现代科学其实也是地方性知识的一种。如此一来，问题仍然没有彻底解决。

广义的科学定义引发的思考

同样是用定义的方式，也有人把科学定义得很宽，在最宽的定义中，甚至可以包括人类各种关于自然的系统化的知识。因而，就有了所谓“宽面条”和“窄面条”之争。其中，在“窄面条”一派中，有科学主义者，也有反科学主义者，后者虽然并不把西方科学之外的东西当作科学，但是又要加一个注，要说明不是科学的东西不一定就不好。显然，在这样的争议中，争议的双方表面上表现为是定义之争，其实在争论的背后，却又掺入了更多其他的意味，包括在现实中如何及是否要利用科学这一并不清晰但却显然拥有着意识形态权力的话语方式。

因此，人们在思考和争论“科学是什么”的问题时，或许可以转换一下方式，去思考一下背后的东西，即中国人为什么会如此热衷于讨论“科学是什么”？

从前面的讨论可以看出，虽然从原则上讲，争论“科学是什么”基本上是一个定义之争，定义了什么是科学，便可以排除另外一些不属于此定义范围的东西。但如何定义科学，这本身便是一个涉及科学观的问题。所以，人们在争论何为科学并给出各自不同的定义时，便已经体现了对相应的科学观的赞同。而且，在进一步的讨论甚至争论中，又负载了更多的超出定义本身的言外之意。这样，有关“科学是什么”的争论，便已经不再是一个简单的只涉及定义的纯学理性问题。

例如，前不久，科技部颁布了《中国公民科学素质基准》(简称《基准》)，因在其“基准点”中出现了“知道阴阳五行、天人合一、格物致知等中国传统哲学思想观念，是中国古代朴素的唯物论和整体系统的方法论，并具有现实意义”的说法，而引起了一场不小的争论。有人认为这里所说的阴阳五行、天人合一，以及格物致知等与科学无关，不应出现在此《基准》中。也有人认为这是对中国公民科学素质认识上的新进展，有其特殊的意义和价值，是一种进步。

其实在这场关于科学素质内容的争论背后，还是涉及对于“科学是什么”这一问题的理解。在这样的争论中，背后涉及的对于“科学是什么”的理解（有了这样的理解才会谈到何为科学素质），又在另一种意义上成了一个非核心的表面性问题。其实人们更多的是在利用这个争论的机会，来表达对于“科学是什么”，应该如何认识科学，应该倡导什么样的科学理念，以及对科学的不同理解背后所带有的历史与现实意义等的不同看法。

由于西方近代科学在传播上的巨大成功和由之而来的对社会发展的巨大影响，以及科学在社会舆论上占有的特殊地位，因此科学成了“正确”“真理”“客观”“实用”的象征，也让人们会在现实中有意无意地试图争夺和利用“科学”这一标签，以获得某种由“科学”带来的实际利益。就像当原来的“中医研究院”更名为“中医科学院”时，其名称上的变化，部分地也反映出这样的意向（这里说“部分地”，是因为其中还涉及其他因素，包括跨文化的冲突等）。此时，人们并未顾及像中医这样的知识体系与西方近代科学的巨大差异，甚至于“不可通约性”。在这样的现实中，人们似乎也并不在意学界关于“科学是什么”的学术性争论。由此，我们甚至可以反思，我们那些学术讨论，除了在学理的意义上的价值之外，对于现实中人们思考、认识和处理相关问题，究竟有多大的现实影响。

在现实中，关注纯学理性的有关“科学是什么”的讨论是有价值的，但与此同时，关注在这种直接或间接的争论中，以及在人们涉及相关问题的实际行动中，其背后所承载、所表达、所代表的观念、想法、立场和意向，也同样具有学术意义和现实意义，这些内容也同样可以成为学术研究的直接对象。

多元科学观

面对这样的局面，面对人们对“科学是什么”存在的不同理解，有一种也许可以部分地协调异议的方式，就是采取多元的科学观。

其实，早在 1998 年就有国外学者在八种国际科学标准文献中总结出其中对于科学的本质的一致性看法，其中第一条就是“科学知识是多元的，具有暂时性特征”。这或许可以在两种意义上去理解。一种是，西方近代科学本身就具有多元性的特征。西方科学哲学中核心的以西方科学为对象的“划界问题”研究，一直处于困难中，没有得出被公认的结果，便是这种情况的某种表征。在另一种意义上，西方近代科学与各种非西方科学的体系，构成了另一类多元性。

讲科学的多元性，大致地可以用库恩理论中的“不可通约性”来描述，尽管局部的可通约性或许存在，但整体上的不可通约性，恰恰是这种科学的多元性的典型表现。而现实中，无论是就人类日常生活中过去和现在仍在利用的西方近现代，即所谓“主流”“科学”知识，还是在像科学史、科学人类学等领域中被研究的那些非西方、非主流的“科学”知识。这种多元的意义上的科学，也可以成为前面所说的那种“宽面条”意义上的广义的科学。“窄面条”派中非科学主义者们会说，这些不属于“窄面条”科学定义的知识，其实也是好的，有用的。但归根结底，还是又回到了定义的问题。只不过，“宽面条”的定义方式可以很好地回避一些矛盾，可以在解释上更为方便、自洽而已。

但由于长期以来，在我们的主流意识形态中，一直对于一元论有着突出的强调，会视多元论为某种不可接受的“相对主义”，因此对多元的科学观的接受，便存在着现实中的巨大阻力。

最后，也许我们可以总结说：关于“科学是什么”的讨论，本质上仍是一个定义的问题。有了作为前提的定义，便可以由之推演出不同的论述和结论。但如何定义，背后却涉及复杂的因素，涉及对于人类的认识、对于人类发展出来的各类知识的价值、对于各类知识系统的结构，以及其历史和现实意义的不同立场。后者，也同样是需要关注而且在过去又是被关注得不够充分的问题。

提升科普创作水平
营造科技创新的良好社会氛围①

创新是引领发展的第一动力，科技创新是创新的重要组成部分。对于推进科技创新，做好科普工作具有基础性意义。而在科普工作中，原创性科普作品的创作和出版是核心内容。从当前我国科普作品的出版情况看，从国外引进的翻译类作品相对更受读者欢迎，我国本土原创性科普作品的影响力则较小，其水平也不尽如人意。因此，提升我国原创性科普作品的水平，成为做好科普工作、推进科技创新的一个紧要问题。

确立理想科普作品的基本标准

提升科普作品水平，首先需要确立一个基本标准，即什么样的科普作品才是理想的科普作品。通常而言，理想的科普作品要具有趣味性、可读性、科学性与思想性。然而，要想同时达到这几条标准绝非易事。长期以来，人们总希望科普作品既通俗又准确。其实，科普作品的通俗与准确之间是存在矛盾的，某种程度上可以说是鱼与熊掌不可兼得。只有以严格的科学话语表达科学内容，从专业角度来说才是准确的；而以通俗的方式，如以形象的比喻来表达科学内容，难免会影响其科学意义上的准确性。但是，我们又不能为了准确而不要通俗，这样会影响科普作品的趣味性、可读性。科普阅读不是强制性的，科普作品如果不能吸引读者，即使科学性、准确性再强，公众也会望而却

① 此文原刊于 2016 年 3 月 14 日《人民日报》，收入本书时内容略有调整。

步，就达不到理想的科普效果。因此，在科普的意义上，我们只能定义一种区别于专业角度的准确性。要达到这种准确性，首先应考虑普通受众的读解能力，再尽可能地贴近专业标准。理想的科普作品还需要有思想性，即具有人文关怀。科普的主要对象是一般公众而非专业人士，公众需要的科学素养也有别于科学研究者。一些科普作品特别注重对具体科学知识的普及，而忽视了与之相关的人文关怀。这既不能满足公众提升科学素养的实际需求，又影响了科普作品的可读性。

优化科普作品创作生产环境

在明确什么是理想的科普作品的基础上，还需要对科普作品的创作生产环境进行反思。实际上，正是创作生产环境方面的原因，影响了我国原创性科普作品的水平和受公众欢迎的程度。

从职业方面来说，到目前为止，我国几乎没有职业科普作者。而在一些发达国家，科普创作是职业化的。虽然在科学家中也有少数擅长科普写作的人，但“科学作家”才是真正意义上科普创作的主力军。我国缺乏职业科普作者有多种原因，最直接的原因是，在科普作品的稿酬无法养家糊口且又几乎没有科普创作职位编制的情况下，自然也就难有职业科普作者。因此，要想提高我国原创性科普作品水平，需要创造更多条件促使更加市场化、职业化的科普创作群体出现。

从教育方面来说，长期以来，我国教育明确划分文理科界限，并且过于注重专业化教育，这不利于培养出在科学和人文两方面兼具良好素养的科普作者。目前，我国科普作者大多只具有自然科学教育背景，即使是知名专家、院士的一些科普作品，也缺乏人文精神的感召力，这样的作品自然难以打动读者心灵。因此，要着力培育一批兼具科学、人文教育背景的科普作家，则需要打通科学和人文的教育壁垒。

从动力机制方面来说，目前我国科普创作的推动力量主要来自政府部门。这对于科普工作的统一管理、组织、资助固然有帮助，但也会给原创性科普作品的长远发展带来不良影响。例如，受急功近利的政绩观影响，一些政府部门在推动科普创作时往往更注重成果的可量化程度和短期效果，而需要下大力气攻关的科普创作理论研究却长期被忽视，那些需要通过潜移默化影响公众的科普成果难以获得支持。长此以往，科普创作就会功利化、表面化、形式化。要改变这种状况，除了要发挥市场机制的作用，还需要政府部门以长远眼光推动科普创作，切实提升原创性科普作品水平。

什么也不能替代科普阅读①

在新一轮的课标修订中，一个新的概念被突出强调，即核心素养。核心素养是什么？为什么如此强调？怎样表述相应学科的核心素养？种种问题大家都很关注，课标修订组也在讨论。有一种说法是：“核心素养，是指学生在接受相应学段的教育过程中，逐步形成的适应个人终身发展和社会发展需要的基本知识、必备品格、关键能力和立场态度等方面的综合表现。核心素养不等同于对具体知识的掌握，但又是在对知识和方法的学习中形成和内化的，并可以在处理各种理论和实践问题过程中体现出来。”

有人形象地说，素养是指一个人把他所学的具体知识都忘掉以后还剩下的东西。它很微妙，可以意会，但难于表达和考核。核心素养的提出，是为了跟过去应试教育传授具体知识、对知识重点死记硬背的模式相对照。它跟具体知识有关，是在学习过程中逐渐培养形成的，但它又不等同于具体知识，并不是掌握了具体知识就具备了核心素养。所以，这一概念的提出，对于科学教育改革是有意义的。

科普阅读与核心素养是一致的

目前学术界、教育界对核心素养的研究还较欠缺，是“摸着石头过河”，在探索中发展。它与我理想中的科普阅读是一致的。因涉及专业的差异，我先介绍有关的背景知识。

科普阅读在某种意义上说，是科学教育的一部分。在基础教育中，

① 此文原刊于 2016 年第 10 期《教育家》，收入本书时内容略有调整。

中国的科学教育有两种形式，包括正规教育与非正规教育（科普）两部分。二者都有其不理想之处，但导致其问题的深层原因有所不同。主要的原因有两方面：一是制度问题，二是观念问题。两方面原因也是相互作用的。

正规教育，从理念上讲，与国际更为接轨，借鉴了大量国际先进理念。例如，在国际基础科学教育中，关于“科学的本质”的看法，曾有国外学者做过研究。他在八种国际科学标准文献中总结出对“科学的本质”的一致性看法，如科学知识是多元的，具有暂时性特征；科学是一种解释自然现象的尝试；来自一切文化背景的人都能对科学做出贡献；科学是社会和文化传统的一部分等。

课程改革从第一轮新课标的“三维模型”，到新一轮课标修订的“核心素养”，从改革发展的角度来看，与过去相比，均颇有新意。在现实中，从课标到教材，再到教学，这些好的理念却在科学教育里层层打折。“核心素养”的确定性问题及能否在实践中贯彻落实，在于应试教育的压力与需求及其背后更深层的制度性原因，而制度问题是包括教育的功能，教育的公平，教育对于人群社会地位流动、变迁、发展的作用，以及人们文化、传统观念等多方面的综合体现。

非正规教育（科普），在关于科学理念及相关的科学教育理念方面，不如正规教育先进。其中，“科学主义”影响很大。这里面，有中国科普发展历史因素的影响。在当下的实际科普工作中，从观念到投入的主力军仍是政府，无论是资助出版、搞科学日、各种计划、各种竞赛；还是各个层面，不同人群、社区所强调的公众科学素质的提升，其主要动力及驱动机制，是在意识形态影响下的官员“政绩”，这导致了科普工作形式化严重，效果很差，问题多多。

科普教育培养价值判断能力

公众科学传播，经历了从传统科普到公众理解科学，再到有反思的科学传播。那么何为公众理解科学？它产生的背景是，“20 世纪 60 年代后期以来，当科学在全球范围内已经与商业紧密联系时，部分公众就变得更加怀疑。从前他们担心科学因为某种内在的动力学——某种不计后果地追求控制自然的能力——正危及他们；今天他们担心科学家与大企业共谋——为追逐利润而搞坏世界。”（皮克斯通《认识方式》）公众对科学的怀疑，使科学家产生危机感。“如果公众能够更多地理解科学的范围和局限性，更多地了解科学的成就和科学的方法，这个世界是否会变得更加美好或更有所不同呢？本报告的基本论点是，提高公众理解科学的水平是促进国家繁荣、提高公共决策和私人决策质量、丰富个人生活的重要因素。这是事关全英国的重要问题，要想实现这些长期目标，就要求做出持续不断的努力增进公众对科学的理解，是对未来的一项投资。”（英国皇家学会《公众理解科学》）

这是早期的一种很有代表性也很有影响的理论模型——缺失模型。缺失模型的主要观点是，公众缺少科学知识，因而需要提高他们对于科学知识的理解。缺失模型认为，生活在复杂的科学技术文明中的人们应该具有一定的科学知识水平。政府需要高素质的公民参与政治，实业家们需要具备技术素养的劳动力加入到他们的生产大军，科学家们需要更多具有科学素质的公众支持他们的工作。缺失模型所关注的，是公众所掌握的科学知识和对待科学的态度，以及其掌握的科学“知识”与其对科学的“态度”之间的关系。与此同时，这一模型还隐含了科学知识是绝对正确的知识的潜在假定。但进一步的研究发现，“20 世纪的历史表明，日益增长的科学知识并不必然地增强公众对科学的支持。恰恰相反，传播给公众的信息越多，就会使公众了解更多的证据，证明科学和技术事务的决策与科学解释中的不确定性与可变性是如影相随。”（《在理解与信赖之间》）传统科普与缺失模型是一致的，注重对具体科学知识的传播。

有关学者对模型的分类和三种模型的变迁是这样描述的：①传统科普。中心广播，自上而下的命令、教导，在“知”与“信”中强调“信”。②公众理解科学。欠缺模型，自上而下的教育，“知”与“信”并重。③有反思的科学传播。民主模型，公民义务教育，协商，强调“知”和“质疑”。在中国，三种模型并存，以政府为主导的科普是其主要形式，仍为传统科普；随着“公众理解科学”概念的引进，对科普的多元化的现代理解，非传统的新型科普恰恰与倡导“核心素养”概念的教育理念改变相一致：学习的最终目标，不是只让学生掌握更多的具体知识，而是培养一种思想的能力、思想的方式，一种品格和一种价值判断。

《美国国家科学教育标准》对科学教育目标的设定，第一是培养学生能够由对自然界有所了解和认识而产生充实感和兴奋感；第二是在进行个人决策之时恰当地运用科学的方法和原理；第三是理智地参与那些与科学技术有关的公众对话和辩论；第四是在自己的本职工作中运用一个具有良好科学素养的人所应有的知识、认识能力和各种技能，因而能提高自己的经济生产效率。这些是指具有高度科学素养的社会的目标。

科普阅读不是语文教学的延伸

面对普通人，我们的科学教育的目标是什么？科普内容和形式的分类有交叉，是不完备的。有的是文体的，有的是内容的，有的是话题的，如知识性科普、科学史普及、科学家传记、科学与艺术、科学文化，乃至科学（相关）小说、科幻、博物学科普、生态环境内容的科普、科学技术与社会的普及、性别视角下的科普、科学哲学性质的普及等。这样的分类，这样的思辨，在科普阅读里都可能涉及。

狭义的观点认为，只有科学著作、科学知识的通俗化阅读才是科普。其实，很多形式的作品涉及科学内容的普及。科普阅读，需要打破传统观念，概念的宽泛，立场的新颖，非直接为了功利目标的更深层的阅读，能够真正启发人们思考。

最后，针对中学生的科普阅读，关于“为什么读”“怎么读”的问题，结合与核心素养的关系，结合我们立场的变化、对阅读功能的理解和视野的开拓，我一直努力强调的是，不要把阅读变成传统语文教学内容、形式的延伸，而要把它作为跟语文相关的拓展途径，在核心素养意义上来培养人的思考方式、行为方式、兴趣，等等。科普阅读可以突破我们在正规教育必修课程中还无法突破的界线，它的发展对于社会，对于学者、老师和学生都有非常重要的意义。

对于全球化背景下之“发展”的反思①

有时，阅读一本书，对作者的了解是很重要的准备。而阅读一本看上去有些另类、与我们习见的说法很不相同甚至显得激进的书，对于作者的了解就更加重要了。因为只有这样，我们才会理解为什么作者会有如此激进的看法，并将作者的看法放在更广阔的背景中去思考。

《失窃的收成——跨国公司的全球农业掠夺》一书的作者范达娜·席瓦是一位有着重要国际影响力的印度学者，也是在生态女性主义这一女性主义和生态环境哲学理论的重要分支中，最新发展的“第三世界生态女性主义”最重要的代表人物之一。她于 20 世纪 50 年代初出生于印度北部喜马拉雅山脉下的一个小山村。她的外祖父曾为建立一所女校而进行绝食斗争，母亲是一位有着强烈女性意识的学校顾问，父亲是当地的一名林务官。她从小在山村长大，目睹了喜马拉雅森林的逐渐消失，并参与了著名的印度妇女保护环境的抱树运动。

出于对自然的热爱和对爱因斯坦的崇拜，席瓦决定学习物理以了解自然。她认为“研究物理和研究生态并没有真正的不同，后者只是增加了察看生态破坏和我们在这个星球上赖以生存的系统被毁坏状况的向度”。她先是从事核物理研究，曾是印度最出色的女性核物理学家，后来因认识到核系统对环境和健康的影响而转向从事量子理论研究，并于 1978 年获得加拿大西安大略大学的科学哲学博士学位，而后在班加罗尔的印度管理学院从事研究工作。

---

① 此文原刊于 2014 年第 10 期的《绿叶》杂志，收入本书时内容略有调整。

有两个问题改变了她的生活道路：一是印度的高科技与贫困共存的现状使她对现代科学的发展等于进步和减少或消灭贫困的线性方式产生了质疑，并因此转而研究科学与技术的社会与环境（context）；二是喜马拉雅森林的消失和她参与抱树运动的经历。

作为第三世界的生态女性主义者，席瓦对于生态环境和社会问题的关注，是与现实存在的问题紧密相联的。1982年，她放弃了大学的教职，并于当年成立了科学技术与生态研究基金会，致力于使研究不再仅仅为有钱有势的阶层或政府服务，也要为基层服务。

在授予席瓦“适宜生存奖”的评审词中，评审者认为，她所领导的基金会是一个不同寻常的网络，其研究者们致力于支持人民的环境斗争，这些斗争的部分目标是清晰地表达并捍卫人民的知识。她领导该基金会在一系列领域做出了重要工作，主要包括：

（1）在农业与基因资源方面，她对绿色革命及由基因技术引发的“第二次绿色革命”的批判性分析极具前瞻性，对农业发展意义重大。

（2）在生物多样性方面，随着20世纪70年代开展的抱树运动，她开始了生物多样性的研究，发起社会运动来保护本地的种子。当看到生物多样性与文化多样性和知识多样性的密切联系时，她又发起了反对“生物剽窃”的运动。

（3）在世界银行与世界贸易组织（WTO）问题上，她对世界银行施加压力，并参与协调了印度与 WTO 有关知识产权及农业方面的主要谈判。她还是致力于控制和干涉全球化影响的组织——全球化论坛的发起委员会成员，并领导了旨在保护人民知识产权和食品安全的国际运动。

（4）在生态和社会性别研究方面，其著作《继续生存：妇女、生态和发展》国际影响深远。她是1991年世界妇女与环境大会主席，致力于捍卫生物与文化多样性。

作为一位著名的生态女性主义学者，席瓦有多种著作出版，其中，像《继续生存：妇女、生态与发展》（1989）、《绿色革命的暴力：第三世界的农业、生态与政治》（1991），以及她与德国学者米斯（M.Mies）合著的《生态女性主义》（1993）等，都是很有影响力的作品。以《生态女性主义》这本学术性很强的著作为例，这本书所探讨的问题可谓相当广泛，除去那些更为直接涉及性别的问题之外，还涉及宇宙观、科学观、自由、发展、社会体制、生态环境、核技术应用、生物技术等许多重要问题。

按照美国《生态百科全书》中对生态女性主义的解释，首先，生态女性主义是一种激进的政治活动形式，它来源于妇女权利运动、公民权利运动及和平与生态运动的汇聚，也对这些运动的汇聚做出了贡献。其次，生态女性主义也包含了讨论社会和环境的统治与支配关系的原因、本质及解决办法等各种理论。这些理论反映了主要来自生态学、历史学、女性主义、文学、神学和哲学立场的多样性。从席瓦的著作中，我们可以看出几乎都有这些鲜明的特色。而且，席瓦还超越了早期生态女性主义的一些局限，如不是站在中产阶级白人女性的立场看问题，进而将第三世界的视角和第三世界更关心的问题引入理论当中。

在对于世界上现有的各种体制的批判中，席瓦的矛头既指向作为其主要批判对象的父权制资本主义制度，同时，也认为社会主义制度（主要基于对东欧前社会主义阵营的分析）存在问题，与其所提倡的生态女性主义观点不符。最后，在批判之余，她也阐明了自己对于一种理想的前景——她称之为“生存的观点”的看法：她认为对于目前世界范围的生态、经济和社会问题的解决不能依赖来自南方或北方[①]的统治精英们，而只能依靠为生存而斗争的基层运动。那些参与这些运动的男人和女人们坚定而且激进地拒斥在工业化的国家中流行的父权制资本主义发展模式，并要求建立一种非掠夺性的、非殖民的、非父权制的、尊重自然而不是摧毁自然的社会。对于所有的人，包括最贫困的人，都不必然需要向工业增长体制的归并和这种体制的延续，相反，这种生存的观点，才是生存下来的唯一保证。

在席瓦的著作中，全球化一直是一个被反思和批判的重要概念。她是由从事当地的环境保护开始逐渐认识到全球化的危害的。相应地，

---

① 像“南-南合作”南北对话的意义上。

她一直致力于立足印度的实践，在全球的层面上，多角度、全方位地探讨双方的关联，并将这种研究逐步扩大到民主与专制、和平与暴力等诸多方面。可以说，她对全球化的认识越深刻，对它的危害也就看得越清楚。因此，在她几乎所有的著述中，对全球化的研究和批判都是一以贯之的重要主题。她用大量无可辩驳的事实揭露了全球化对民主政治、生态环境、传统文化、人民生计等的破坏，指出全球化只是正在扩展至整个地球各个领域的“新殖民化”。“它并非关乎自由市场，它在尽其军事、政策和一切可能来保卫跨国公司的利益。”一些国际组织本身，如世界贸易组织、世界银行、国际货币基金组织等，已成为全球化的工具。他们利用资本和自己制定的游戏规则（如知识产权）开始了新一轮的“圈地运动”，只不过他们圈的已不仅仅是土地，而是包括基因、生物多样性、水等一切可资利用的（对大多数民众来讲也是生存所必需的）资源，以谋求利润最大化。而这正是目前一切生态危机、政治危机、经济危机乃至恐怖主义的根源。也正因为有如此深刻的认识，她也才会在美国“9·11事件”之后，对这一事件做出很有影响的分析。

在席瓦看来，人们无法忽视这样一个事实，即“现代化”“发展”的过程及“进步”对于自然界的退化负有责任。作为生态运动的积极参与者，她也越来越清楚地认识到，科学和技术并非中性的。

基于这样的思考，席瓦认为全球化并不是“不可避免”的，而且第三世界恰恰正是全球化的最大受害者。因而，她把对全球化的批判转化为行动，发动并领导了印度农民民主运动，向世界银行等组织施加压力，协调了印度和WTO关于知识产权、农业等方面事宜的谈判，取得了一定的成效。

在席瓦的著作中，与全球化问题密切相关的所谓“发展观”，也是被深刻反思的重要概念。对于与生态环境密切相关的发展问题，席瓦的观点是，在不发达国家中盛行的“赶超”的发展策略，实际上是一种神话。因为这种发展策略是以发达国家的生活水平为标准，而要追上这种标准，就不得不走与那些发达国家同样的工业化、技术进步和资本积累的道路。但以往发达国家的高生活标准是建立在一种南-北殖民关系的基础上的，对于发展中国家，要想以这种策略来发展，是不现实的：首先，追赶永远没有完结，你追一步，人家已经又向前发展了；其次，要想让世界上所有的人都过上美国人那种耗费资源的生活，依靠地球上的有限资源是不可能的；最后，生活水平的提高，是以对环境的破坏和生活质量的下降为代价的。席瓦这种对于“赶超式发展”的问题的认识，确实很值得我们借鉴，并促动我们对关于“发展”的通常理解进行深刻的反思。

简要地讲，席瓦的第三世界生态女性主义的一些代表性的理论观点，可以大致总结如下：

（1）倡导多元的生态文化，以取代“全盘西化”及以追求利润最大化为主导的单一基因文化；

（2）重新解释人与人、人与其他生物、人与自然的关系，把人看成一种生态存在，重视并致力于保护生态系统，强调万物之间的和谐，以达到可持续发展；

（3）积极提倡关爱、关怀和公正的伦理价值，以相互依赖模式取代以往的等级制关系模式，反对各种形式的歧视，尤其要提倡社会公正。

对席瓦其人和其主要观点有了以上了解，再来看她的这本《失窃的收成》，就会理解为什么她要写这样的主题，以及为什么她会这样写。实际上，农业问题一直是席瓦所突出关注的重点问题。在这本书中，她集中地讨论了在全球化背景下，不合理的体制和制度利用科学和技术的进展，以发展的名义，给印度的农业带来的灾难性的破坏。书中的诸多案例，足以发人深省。对于芥子油被禁和全面进口国外大豆油这样的例子，我们甚至会有某种似曾相识的感觉。书中对于在全球化背景下印度畜牧业、渔业现状的分析，尤其是，对于打着“养活全世界”的旗号，利用最新的科学进展，开发、推广和垄断转基因种子的孟山都公司的描述、分析和批判（它们占据了全书很大的篇幅），也都揭示了许多我们大多数人平常并不一定熟悉但却意义重大的严峻现实，以及现实背后诸多值得我们深入思考的重要问题。

应该说，这是一本思想非常激进的书，一本很有震撼力和冲击力的书，一本与普遍流行的观点颇不相同的书。许多人也许不会完全同意作者在书中的观点，但这并不是问题的关键。重要的是，作者是在大量实例的基础上，以其独特的理论和深刻的分析，很有说服力地讲出了许多人们平常也许未曾深思的问题。如果此书能让读者重新思考和认识我们所面临的这些重大问题，那就已经是非常理想的结果了。因为这些问题的存在及其可能的解决方案，不仅仅对于第三世界有着重要的意义，它们甚至关系到人类的未来。

20 世纪 60 年代，美国女科学家卡森的一本关于环境问题的著作《寂静的春天》问世。这本书引起了人们对于环境问题的特殊关注，成了西方环境保护运动的一个转折点。但是，《寂静的春天》一书在出版后，也曾引起很大的争议，甚至受到一些政府部门和涉及农药的大企业的反对、压制和封杀。但随着时间的推移和生态环境保护运动的发展，《寂静的春天》一书现在已经被公认是环境保护方面奠基性的经典著作。相比之下，我们会发现，《失窃的收成》在很多方面与《寂静的春天》一书颇有相似之处。《失窃的收成》一书中除了涉及公正和制度的现实问题之外，还有关于像对转基因作物与生物多样性等问题的讨论。虽然就验证而言仍然需要时间，不是马上就有定论，但作者的分析和预言却是言之有理的，绝非耸人听闻。

虽然我们现在无法肯定地说《失窃的收成》一书将来一定会成为像《寂静的春天》那样的经典，但这种可能性也是存在的。而且，同样地，随着时间的推移和人们认识的深化，这本现在在表面上看起来相当激进的著作，肯定会被人们逐步认识到其重要价值并接受的。

《时间简史》解读①

整体背景

头顶的星空，一直是人类好奇和关心的对象。几千年前，人们就开始努力地对宇宙的奥秘进行思考和探索。无论是早期那些在今天看来略显幼稚的思辨和带有科学与技术特点的分析、计算，还是一直持续至今的哲学分析与思考，都在把人们对于宇宙的认识从浅显带向深入。然而，直到近现代科学的出现，尤其是在近代科学的基础上，近几百年来，特别是近 100 年来对宇宙的科学研究，以及宇宙学这门科学分支的建立，人们对宇宙这一古老而又有着特殊魅力的自然对象的认识才有了突破性的飞跃。《时间简史》这本书，就是对这些认识的精彩总结和介绍。

随着 20 世纪科学技术的迅猛发展，面向公众的科学普及和传播也随之兴起。在众多的科学分支中，由于头顶的星空和宇宙奥秘的特殊吸引力，有无数关于人类对宇宙的科学研究的普及性著作问世。然而，近几十年在这众多的关于宇宙科学的普及性著作中，著名的英国科学家霍金所著的《时间简史》恐怕可以说是独一无二、影响力最大、普及面最广，也最受人关注的著作了。这本书甚至可以说是创造了科普图书史上的不少神话，其中之一是“全世界每 750 个人中就有 1 人有 1 本《时间简史》”。

这本科普畅销书之所以特别地引人关注，与作者霍金的身份和经

① 此文原系为湖南科学技术出版社“第一推动丛书”《时间简史》解读音频项目所写，但后因项目调整，未公开发表。

历是密切相关的。根据百度百科词条中的描述，斯蒂芬·威廉·霍金（Stephen William Hawking，1942年1月8日至2018年3月14日），出生于英国牛津，英国剑桥大学著名物理学家，现代最伟大的物理学家之一、20世纪享有国际盛誉的伟人之一。1963年，霍金21岁时患上肌萎缩侧索硬化（卢伽雷氏症），逐渐发展至全身瘫痪，不能言语，只有三根手指可以活动。1979至2009年任卢卡斯数学教授，主要研究领域是宇宙论和黑洞，证明了广义相对论的奇性定理和黑洞面积定理，提出了黑洞蒸发理论和无边界的霍金宇宙模型，在统一20世纪物理学的两大基础理论——爱因斯坦创立的相对论和普朗克创立的量子力学方面走出了重要一步。获得英国荣誉勋爵、大英帝国司令勋章、英国皇家学会会员、英国皇家艺术协会会员等荣誉与身份。

除了物理学、宇宙学专业研究方面，霍金在其他领域也非常活跃。例如，2012年4月6日播出的热播美剧《生活大爆炸》第五季第21集中，斯蒂芬·霍金本色出演，客串了一个角色；2017年为BBC录制纪录片《探索新地球》。他表示，技术有望逆转工业化对地球造成的一些危害，有助于消除疾病和贫困，但人工智能需要加以控制。2017年11月，霍金预言随着能源消耗增加，2600年地球或将变成“火球”。除了《时间简史》，他还出版有《果壳中的宇宙》《大设计》《我的简史》等畅销科普读物。

2018年3月14日，霍金逝世，享年76岁。2018年3月31日，斯蒂芬·霍金的葬礼在剑桥大学的教堂举行，霍金的骨灰安放于伦敦威斯敏斯特教堂，与著名科学家牛顿、达尔文等安息在一起。

前面谈到，《时间简史》这本书无论在其他国家，还是在中国，都是科普领域中的神话或奇迹。那么，这本书究竟谈了些什么内容？我们应该如何阅读和理解呢？下面，我们就按此书的章节依次进行一些解读和讨论。

首先，我们不要被此书的书名所误导——这本书的书名甚至还隐含着一个悖论。因为，简史，也就是简要的、浓缩的历史，而历史的一个最基本的要素，就是在时间中展开。如果把此时作为一个时间点，那么在此时之前所发生的一切，相对于此时，原则上都可以作为历史来看待。而时间的历史，就字面的含义来说，就有些问题了，因而，我们不必在字面上纠结。实际上，这是一本关于宇宙学及其相关科学理论的普及性图书，其中许多内容也是以历史的方式来展开叙述的，当然，这些学说也总是与“时间”这个重要且基本的概念密切相关。

分章解读

第一章，“我们的宇宙图像”。实际上，这一章所讲的，是与后来出现的宇宙学相关的，从早期一直到20世纪的天文学和物理学的一些重要发现和观点的简要历史。

从整个科学史的发展来看，天文学史一直占据着核心地位，尤其是在早期的科学史中，人类出于对天空的好奇，对日月星辰的关注，就已经有了许多关于地球、太阳、月亮及其他行星的认识和理论。延伸下来，也就形成了不同的宇宙图景。

故事从一个老妇人描述的一连串的乌龟驮平板的宇宙图景开篇，在这一章中，霍金提到了古希腊亚里士多德的宇宙学模型，古希腊托勒密的可以通过计算精确预言天体位置的地心说宇宙模型，以及后来在科学史上作为近代科学革命之开端的哥白尼的日心说宇宙模型。

有了结构性的宇宙模型只是第一步，在对这样的天体系统的认识中，究竟其动力机制是怎样，是进一步要研究的问题。相应地，霍金重点谈到了牛顿的贡献。牛顿在物理科学史上最重要的著作——《自然哲学的数学原理》一书中，提出了物体如何在空间和时间中运动的物理理论，提出了万有引力定律，来描述宇宙中物体间的引力。

超出只对地球上物体运动的关心，而把视野放到宇宙的范围，接下来霍金便谈及了关于宇宙是在膨胀还是在收缩，以及宇宙的开端这两个宇宙学中的核心问题。对这两个问题的思考，不仅与物理理论相关，也与哲学甚至神学的理论相关。宇宙的开端，与科学史上“第一推动”的命题密切相关。而“第一推动”这个概念，也被用作《时间简史》这本书的中译本所从属的丛书的丛书名，是在科学作为人类进步的最原初动力这种隐喻意义上来使用的。然而，在科学史和哲学史中，在原义上的“第一推动”本身更有重要的认识意义。在牛顿的宇宙理论中，这是一个被交给神学来回答、由上帝来负责的问题，在像霍金也同样谈及的著名德国哲学家康德关于纯粹理性之“二律背反”的哲学理论中，也同样是重要的核心问题。神学家奥古斯丁的神学学说，同样关注这个问题。

关于宇宙是否总是静止不变的，或者说宇宙如果是在变化中，那么究竟是以膨胀还是收缩的方式变化的？这也与宇宙开端问题相联系着。在这里，霍金马上就在铺垫不多的情况下谈起了科学对宇宙进行研究所得出的“大爆炸”理论：在一个叫作大爆炸的时刻，宇宙的尺度是无限小的，而且无限紧密，甚至不存在科学定律，在此之前，时间都没有定义，因而时间在大爆炸时才有开端。当然，霍金也认为这种大爆炸理论与神学中上帝创造宇宙的说法并不矛盾。在这里，我们也再一次看到了时间及其开端这一科学、哲学乃至神学中的根本性概念。

除了科学理论中的牛顿的理论之外，霍金也简单地提及了后来在 20 世纪出现的可用来描述宇宙的广义相对论和量子力学这两种重要理论，当然，对于这两种理论更细节的解释，要在此书后面才有展开。一般的科学史，通常只会对具体的科学理论的先后提出做出描述，虽然霍金在这本书里表面上是在写科学的“简史”，但他更关心的问题是对宇宙学说的解释，他不仅关心就此涉及的哲学和神学等领域的内容，还更关心人们对于解释宇宙的理论的根本性的理解。与一般科学史家或科学家撰写科学史有所不同，在这种关心下，他注意到了科学哲学中关于科学理论的各种学说。虽然他谦虚地说他只采用素朴的观点，认为理论只不过是宇宙或它的受限制部分的模型，以及一套把这模型中的量和我们做的观测相关联的规则，但他在这种素朴的观点中认为理论只存在于我们的头脑中，不再具有其他任何意义上的实在性的看法，这还是与普通人通常默认的观点有所不同的。也正是在与此一致的逻辑上，他援引了科学哲学家波普尔那个为众多科学家所乐于接受的证伪理论，指出任何物理理论总是临时性的，都无法为实验所最终证实。

同样地，与对科学理论的特点的关心相关，宇宙学研究中对完整统一理论的追求也是霍金所要讨论的。他指出的一个有趣的问题是，如果真有一个完整的统一理论，那么，因为我们也是宇宙的一部分，所以它也会决定我们这些研究者、观察者的行动。换言之，理论本身就决定了我们对之探索的结果！这确实是一个有哲学意味的悖论。

通过上面的解说，虽然只是第一章，但我们已经大致可以看出霍金所关心的内容，他讨论的方式及与一般科学史、科普著作的不同和特色。

第二章，“空间和时间”。直观地讲，读者会注意到时间的概念在这一章的标题中再次出现。但实际上，这一章，却还是在讲物理学理论的发展，或者，更严格地说，是在空间和时间的框架下，讲解从牛顿的时空观和物理学理论，到爱因斯坦的时空观和相对论的发展，讲解在这样的时空框架中，科学家们如何看待宇宙中的物质和运动等重要问题。这也还是在为后面关于宇宙学的讲解准备基础。

回溯这段历史，当然要从牛顿的理论所要颠覆的古希腊亚里士多德的观点讲起。霍金选择了两个将牛顿的理论与亚里士多德的理论进行比较的切入点：其一，是关于亚里士多德认为物体的自然状态是静止；其二，是关于用观测来检验某一理论的必要性。在这一章中，霍金对牛顿的物理学理论进行了比较细致的介绍，并用一些实例来说明，例如牛顿第一、第二运动定律，及万有引力定律。但作为这些定律成立的一个基础性前提，还是和运动相关的空间和时间问题。牛顿的理论中包含着对绝对空间和绝对时间的相信，及时间和空间彼此的分离和独立。

进而，为后面介绍相对论做准备，光、电和磁的问题也被引进。在思考运动参考系相关问题的基础上，提出光的运动是相对于一种名为以太的假定物质的观点；相对论对以太的放弃，又是结合着前面提到过的测量的概念来讨论的。就像在一般的物理学教科书中的分析、讨论方式一样，霍金很详细地介绍了在相对论的意义上，物理学的测量如何与时间和空间问题交织在一起不可分割。这里面，有几个核心观点：其一，是没有任何东西可以行进得比光速还快；其二，是相对论终结了绝对时间的观念；其三，是相对论迫使我们从根本上改变了时间和空间的观念，认为时间不能完全独立于空间，而是必须和空间结合在一起形成所谓的时空的客体。

在此基础上，霍金配以多幅图片来讲述的关于狭义相对论的一个重要的知识点，就是所谓的光锥。“对于时空中的每一事件我们都可以做一个光锥”，这实际上是在前述那些相对论理论的约束下，对于事件的物理因果性的描述。

在狭义相对论之后，爱因斯坦于1915年又发展出了广义相对论。在没有更多数学公式、计算等对普通读者来说比较困难的叙述方式下，霍金简要地介绍了广义相对论的一些重要观念和推论：引力实际上是时空“不平坦”的结果，而时空中的质量和能量的分布则是使时空“弯曲”的原因；广义相对论对于在“弯曲”的时空中光线不是沿直线行进的预言，及1919年英国探险队在非洲通过观测日食对此预言的证明；在大质量物体附近时间会流逝得更慢，如此等等。总之，霍金认为，广义相对论的提出是一场宇宙观的变革，旧的宇宙观被新的宇宙观取代了。在新的宇宙观中，宇宙在运动，在膨胀。这一切，也包括霍金本人所参与的基于广义相对论的研究意味着，宇宙必须有个开端，并且可能有个终结。

当然，这样的结论，已经有了更多的哲学意味了。不过，这种带有哲学意味的观点，也恰恰是宇宙学的特点之一。

第三章，“膨胀的宇宙”。正如章节标题所提示的，这一章主要讲述的是科学家对于宇宙膨胀的宇宙图景的发现，以及后来几种相关的宇宙学理论。

其中有四个要点：其一，是1924年美国天文学家哈勃的发现，他证明了我们的星系不是唯一的星系，宇宙中还存在有其他许多星系；其二，人们用观测方法来证明宇宙的膨胀，其中一种重要的方法是观察其他星系中的恒星的光谱，并在对这些光谱的观察中发现了“红移”[①]；其三，是美国物理学家彭齐亚斯和威尔逊在20世纪中叶发现了来自宇宙的“噪声”辐射，这一重要发现为相关的宇宙学理论提供了某种支持；其四，是弗里德曼关于宇宙不是静态的理论研究，

① 按照物理学史上“多普勒效应”这一重要的发现，当一个物体趋近于我们，或离开我们时，其发出的声音，比如火车的汽笛的音调，会发生变化，这种道理用在理解波动的光的时候也是一样，当光源离开我们而去时，我们接收的波的波长会变长，即如果宇宙在膨胀，恒星是在离我们而去时，它们的光谱会向红端移动，这就是所谓的“红移”。

以及弗里德曼的宇宙模型和与它几种相关的模型的特点。在这些后续的宇宙学研究中，也包括了霍金参与和有贡献的关于大爆炸奇点的研究工作，他们的研究证明了宇宙在时间上必须有一个开端。

总之，霍金认为，“宇宙膨胀的发现是 20 世纪最伟大的智力革命之一。”宇宙膨胀的发现，成为人们对过去几千年来的宇宙观进行变革的重要内容之一。霍金本人也参与了宇宙学的研究并在其中有很大影响，贡献突出，他结合自己的工作经历来讲述宇宙学，也成为这本书的特色之一。讲到他对奇点的研究时，就已经隐含了“在这样的宇宙模型中”这一前提。因为极早期的宇宙如此之小，以至于不得不涉及 20 世纪初物理学革命中出现的另一重要理论，即量子力学。这样，他在下一章中介绍量子力学，也就成为他的叙事逻辑的自然展开。

第四章，“不确定性原理”。这一章虽然名为“不确定性原理”（有时这个原理也被称为“测不准原理”），但实际上，这一章的重点并非在讲解这一原理，仍然是在为后面介绍宇宙学进行铺垫。20 世纪初物理学革命中有两大新理论出现，其一是相对论，其二就是他在此章中以其独特的方式来介绍的量子力学。这种独特的方式，就是以“不确定性原理”这一量子力学中的重要原理来引入，强调量子力学结论的概率性特点。当然，作为对于这一原理的理解的方式之一，不确定性与在微观世界中的测量问题同样相关。

在某种意义上，除了具体的计算和应用之外，对于量子力学这一针对微观世界发展出来的有特色的重要理论的许多基础性问题，甚至一些大物理学家也曾声称很难理解。因为它与传统中牛顿面向宏观世界所提出的物理理论不同，也与我们习以为常的基于宏观世界的日常经验得出的对世界、物质和运动的看法颇为不同，并涉及了更多哲学上的争论。在这一章中，霍金有选择地，而非全面地介绍了一些在量子力学发展中的重要概念、理论和实验。除了对“不确定性原理”的讨论之外，说得最多的，恐怕就是关于物质粒子和光的“波粒二象性”概念了。仅靠霍金在这内容有限的介绍，要想完整、深入地理解量子力学显然是非常困难的。但霍金在这里要提出的一个重要观点是需要注意的，那就是“我们还没有一个完备的、协调的统一广义相对论和量子力学的理论，但是我们已知这个理论所应有的一系列特征。”宇宙学，以及霍金所参与的宇宙学研究，正是在这样的局面中展开的。

第五章，“基本粒子和自然的力”。这一章，仍然可以说是霍金在继续为后面讨论宇宙学的内容做铺垫。

其一，这章内容涉及物理学中关于物质的组成问题，即构成物质的各种“基本”粒子的相关概念和理论，如自旋、对称性、夸克等。其二，在我们的中学物理课上，其实就已经讲过这章另一核心的内容，即从物理学的立场和观点来看，物质间的相互作用，在最基本的层次上只有四种，就是引力、电磁力、弱力和强力，它们分别在不同的层次上起作用。世界上的万事万物的构成和运动，都是在这四种力的相互作用下实现的。

长久以来，物理学家们在研究中一直有一个不懈的追求，就是力图实现某种对物理学理论的统一。在物理学史上，例如牛顿通过万有引力定律实现的对天上的运动和地球上的运动的统一，热力学中的能量守恒定律对各种不同能量形式的统一，电磁学中的电和磁的统一；麦克斯韦电磁方程对电、磁和光的统一，如此等等。这种对统一性的追求一直在物理学界延续着。霍金本人也对这种物理理论的统一问题极为关注，在本书的第十一章和作为结论的最后一章，他讨论了很多与此相关的问题。我们甚至还会因此联想到那部关于霍金的著名传记影片——《万物理论》(*The Theory of Everything*)。而这种关于物理学理论的统一性问题，自然也与霍金所要讲述的宇宙学密切相关。

第六章，“黑洞”。在《时间简史》这本书中，写到这一章，也是在篇幅上写到差不多一半的时候，终于正式地写到宇宙学的内容了。

黑洞是宇宙学中的一个重要概念，指一类特殊的天体，它是在1969年由美国物理学家惠勒所命名的。实际上，近似的概念和思考却早已有之。霍金在书中谈到，在此前约200年就有人发表文章，指出一个质量足够大并足够致密的恒星会有如此强大的引力场，以至于连光线都逃逸不出来。这差不多就是最初对于当时并未正式命名为黑洞的天体的设想了，其描述也与后来定义的黑洞差不多。当然，后来人们在此方向上继续深入研究，有了许多进展。霍金结合宇宙学中对恒星的生命周期的理论，解释了黑洞可能的产生机制，即在恒星的生命周期中，恒星的质量的不同，会导致其后的演化走上不同的归宿，其中之一，就是形成黑洞。

霍金接下来讲述了若干关于黑洞研究的代表性工作，并穿插着他就黑洞研究的相关问题与别的科学家打赌的故事。这些关于黑洞的研究和认识的内容，要完全理解，其实还是比较困难的，一般读者也不妨基于个人感受对之在概貌上有个把握就可以了。重要的是了解霍金所说的，“黑洞是科学史上极为罕见的情形之一，在没有任何观测到的证据说明其理论是正确的情形下，作为数学的模型被发展到非常详尽的地步。”确实，人们对于宇宙学理论中这个有趣的、奇异的天体，到现在也还只有一些间接的观测证据，而没有直接的结论性观察成果。

如果仔细地阅读和思考，会发现霍金的这本书确实是有其精心构想的叙事逻辑的。他在此章中介绍了各种关于黑洞的理论和观测等研究工作，最后提出的问题是，黑洞是不是真“黑”呢？这就顺理成章地联系到下面他要讲解的他自己对黑洞的研究工作了。

第七章，“黑洞不是这么黑的”。在这一章，阅读的难度继续在提升。因为此章引入了许多前文并没有明确讨论或详细解说的基础概念，如“事件视界”、热力学第二定律、熵、有序度、太初黑洞等。虽然霍金努力地用通俗的语言和比喻来说明这些概念，但对于普通读者来说，要真正准确地把握这章的物理思想，确实还是一件比较困难的事。

其实这章虽然讲述了许多内容，但最为核心的，还是霍金自己对于黑洞的研究工作，尤其是他关于黑洞辐射的研究。

不过，通过阅读霍金本人描述的他自己进行研究的片断和他的研究思考来感受一位大科学家从事科学研究的心路历程，也是一件很有意思的事情。

第八章，“宇宙的起源和命运”。这一章，是此书中介绍宇宙学内容最多、最丰富的一章，也是相当有阅读难度的一章，但其中许多内容，即使不去深究其准确的科学含义，读起来也是相当有趣的。

首先，霍金介绍了按照“热大爆炸宇宙模型”来看宇宙从初始爆炸开始的演变历程：从大爆炸开始，到其后 1 秒，100 秒，几个小时，再到 100 万年等，在此过程中，根据科学家们在这种宇宙模型中的描述，宇宙和物质经历了一系列不可思议的演化。霍金甚至一直把这种演化讲到了地球的诞生和地球上面生命的出现。他认为，这种理论上描述的“宇宙从非常热的状态开始并随膨胀而冷却的景象，和我们今天所有的观测证据相一致”。当然，也还存在着诸多未被回答的问题，他也列举了一些这样的问题和人们对之的争议和讨论。

在后面的部分，霍金引入了一个非常有趣的概念，即“人择原理”，这可以说是只在宇宙学中才存在的那种很有哲学意味的概念。简单地讲，就是“我们看到的宇宙之所以如此，乃是因为我们的存在”。这种在宇宙学中的特殊概念，其实更深层地涉及人对宇宙的存在和认识的关系问题，这是因为宇宙学这一学科的特殊对象是包括人之存在的一切。

对“人择原理”的种种讨论和争议，以及更进一步的关于暴胀宇宙模型的研究和观点，还有霍金本人的一些有趣的学术经历，构成了这一章的其他内容，这里就不再多讲了。

第九章，“时间箭头”。这一章似乎又专门地回到了对时间问题的讨论，但实际上却是集中在一个特殊的问题上，即时间的方向，也即本章标题所说的“时间箭头”。正是时间的方向或者时间箭头将过去和未来区分开。霍金先是讨论了三种不同的时间箭头：其一，是热力学的时间箭头，即以随着时间的流逝伴随无序度或曰熵的增加来表示的时间箭头；其二，是心理学时间箭头，即人们所感觉的时间流逝的方向，以记忆来区分过去和未来；其三，就是宇宙学中所关心的宇宙学时间箭头，用霍金的话来说，宇宙在这个方向上膨胀，而不是收缩。

时间确实是一个太复杂的问题，有科学的维度，也有哲学的维度，在霍金关心的角度上，又是一个似乎将科学与哲学相结合的宇宙学的维度。在霍金讲解的观念中，也更多地将宇宙学时间箭头与宇宙的膨胀相联系。当然，这只是他的一种思考，但至少有一个论据是，智慧生命只能在膨胀相中存在。而这又与人择原理纠缠在一起了。

第十章，“虫洞的时间旅行”。在《时间简史》一书最初的版本中是没有这一章的，只是在新版中，霍金才增写了有趣的这章。

这一章的内容，或许会让科幻迷们更为感兴趣，因为在科幻作品中，时间机器、时间旅行、外星人等一直是非常热门的话题。而“虫洞”这一科学假说，大致是指一个时空细管，能够把两个相隔遥远的几乎平坦的区域连接起来，这样，就可以不受相对论中光速极限的限制而实现快速空间旅行和逆时旅行。虽然这听上去像是科幻作家的想象，但这虫洞的概念确实是来自科学假说，借此，霍金倒是非常开放地分析讨论了与科幻中穿越时空的旅行相关的各种可能与争议。当然，霍金也只是把这作为一种可能性来给出一种可能的解释。

第十一章，“物理学的统一”。一位超级科学家，最终会超越那些具体的、技术性的科学问题，进而思考更为高层次的哲学问题。这一章也带有这样的意味。通过前十章对相关科学基础知识的准备性介绍，以及对宇宙学各种概念、理论模型及相关争论和存在问题的介绍，到此，霍金回到了一个非常有哲学意味的话题，即前面已经提到过的“物理学理论的统一”这个问题。

前面涉及了四种基本相互作用、事关引力的广义相对论理论和涉及微观的量子力学，而在一个要对之完备地包容解说的统一物理学理论中，将广义相对论与以不确定性原理为代表的量子理论相结合，还存在着困难。针对于此，霍金在此章用很长的篇幅和多幅图片，力图对一种当时很热门的物理学理论，即“弦理论”进行通俗形象的介绍。不过，像弦理论这样本来就非常抽象的理论，尽管霍金努力为读者将其通俗地讲解，但也只能让普通读者获得一种近似的、大致的印象式的感觉而已。

此章最后，霍金还就“如果我们确实能够发现宇宙的终极理论，那么这究竟意味着什么”的问题，尤其是它对人类认识和理解宇宙的意义和影响进行了简要的讨论。

第十二章，“结论”。相较前面各章，这一章写得格外简要、明晰且易懂。如果读者能够哪怕是部分地读懂前面各章的内容，那么，在阅读此结论部分，对作者要在此书中表达的观点、要点，都不会有太大的理解困难。因此，这里对这最后一章就不专门展开说明和解释了。

小结与提示

通过前面的解读，我们可以看到，《时间简史》这本由世界上超一流的科学家霍金所写成的超级科普畅销书有着诸多特点和亮点，如把最基本的科学知识与最前沿的科学研究和发现结合起来进行介绍，把科学理论与哲学的思考相结合，把科学家个人出色的研究工作经历和研究体验融在书中，如此等等。但是，显而易见的是，此书作为一本几乎没有公式的物理学、宇宙学科普著作，并不容易阅读和理解，甚至还以难懂著称。这又恰恰与它的流行构成了矛盾。

在这里，我们不准备对形成这种矛盾的原因进行深入分析，那将是一个更加复杂的科学传播研究议题。但在"第一推动"丛书中，霍金的几本著作的中译本有一句广告语："阅读霍金，懂与不懂都是收获。"实际上，读者可以通过阅读霍金的著作，从宽泛的意义上体会这种说法。阅读科普著作，能够将其完全理解，完全搞懂，也不是经常出现的情况，更何况《时间简史》这部著作中涉及的更是公认比较难学的物理学和宇宙学的前沿内容。就算是大学本科物理专业的学生，也不可能在学校的专业课学习中涉及书中所谈的所有科学内容，更何况还有哲学。不过，要讲任何人认真地读过此书却完全不懂，也不是一件正常的事。对于一般读者来说，通过努力阅读、反复阅读，在阅读中除了尽量理解科学知识之外，尽量去体会、去感受书中所传达的那种科学的意象、科学的感觉、科学的魅力，这也会成为阅读此书的重要收获！

《哲人石》：20年科学文化的不懈追求[①]

江晓原：著名的“哲人石”丛书发端于1998年，迄今已经20年，先后出版的图书品种已达130种。丛书的策划人是潘涛、卞毓麟、翁经义。虽然他们都已经退休或转任，但“哲人石”丛书却在他们的后任手中持续出版至今，这也是一幅相当感人的图景。

说起我和“哲人石”丛书的渊源，应该也算非常之深了。从一开始，我就打算将这套丛书收集全——迄今为止还是做到了的。为此我还曾向丛书策划人之一的潘涛提出，一次不要推出太多品种：想收全这套丛书的，应该大有人在，将心比心，如果出版社一次推出太多品种，读书人万一因兴趣减弱或不愿一次掏太多钱而放弃了收全的打算，以后就不会再每种都购买了。这一点其实是所有开放式丛书都应该注意的。

“哲人石”丛书被一些人士称为“高级科普”，但我觉得这个称呼实在是太贬低这套丛书了。基于半个世纪前中国公众教育程度普遍低下的现实而形成的“传统科普”概念，是这样一幅图景：广大公众对科学技术极其景仰却又懂得很少，他们就像一群嗷嗷待哺的孩子，仰望着高居云端的科学家们，而科学家则将科学知识“普及”（即“深入浅出地”单向地灌输）给他们。到了今天，中国公众的受教育程度普遍提高，最基础的科学教育都已经在学校课程中完成，上述这幅图景早就时过境迁。“传统科普”概念既已过时，就不宜再将优秀的“哲人石”丛书放进“高级科普”的框架中了。

---

① 此文系为上海科技教育出版社的“哲人石”丛书（珍藏版）所做之序言，收入本书时内容略有调整。

刘兵：其实，这些年来，图书市场上科学文化类……或者说大致可以归为此类的丛书还有若干套。在这些丛书中，从规模上讲，“哲人石”丛书应该是做得最大了。这是非常不容易的。因为从经济效益上讲，在这些年的图书市场上，科学文化类的图书一般很少有可观的盈利，出版社出版这类图书，更多的是在尽一种社会责任。

但从另一方面看，这些图书的长久影响力又是非常之大的。你刚提到的“高级科普”概念，其实这个概念也还是相对模糊的。后来，“哲人石”丛书又分出了若干子系列，其中一些子系列，如“科学史与科学文化系列”，里面的许多书实际上现在已经成为像科学史、科学哲学、科学传播等领域中经典的学术著作和必读书了。也就是说，不仅在普及的意义上，而且在学术的意义上，这套丛书的价值也是令人刮目相看的。

与你一样，很荣幸，我也拥有了这套书已出版的全部品种。虽然一百多本书所占空间非常之大，在“帝都”和“魔都”这样房价冲天之地，存放图书的空间成本甚至会远高于图书自身的定价，但我还是会把这套书放在书房中随手可取的位置，因为我经常需要查阅其中一些书，这也恰恰说明了此套书的实用价值。

江晓原：“哲人石”丛书的特点是：①多出自科学界名家、大家手笔；②书中所谈的，除了科学技术本身，更多的是与此有关的思想、哲学、历史、艺术，乃至对科学技术的反思。这种较其他图书来说，内涵更广、层次更高的作品，以“科学文化”称之，无疑是最合适的。在公众受教育程度普遍较高的西方发达社会，这样的作品正好与“传统科普”概念已被超越的现实相适应。而“哲人石”丛书在中国又是相当超前的。

这让我想起一则“八卦“——前几年 Discovery 频道的负责人访华，被中国媒体记者问到“你们如何制作这样优秀的科普节目”时，他立即纠正道：“我们制作的是娱乐节目。”仿此，如果“哲人石”丛书的出版人被问到“你们如何出版这样优秀的科普书籍”时，我想他们也应该立即纠正道：“我们出版的是科学文化书籍。”

这些年来，我经常鼓吹“传统科普已经过时”“科普需要新理念”

等，这当然是因为我对科普做过一些反思，有自己的一些想法。考察这些年持续出版的“哲人石”丛书的各个品种，却也和我的理念并无冲突。我想这一方面是因为丛书当初策划时的立意就足够高远、足够先进，另一方面应该也是继任者们在思想上与时俱进的结果吧。

刘兵：其实，究竟是叫“高级科普”，还是叫“科学文化”，在某种程度上也还是个形式的问题。我理解你对“科普”一词的反感，但在现实中，也仍然会有人把此丛书归入“高级科普”。不过，更重要的是，这套丛书在内容上体现了对科学文化的传播，这也就足够了。

随着国内出版业的发展，图书的装帧越来越精美，“哲人石”丛书在某种程度上虽然也体现了这种变化，但总体上讲，过去装帧得似乎还是过于朴素了一些，当然，这也具有了定价的优势。这次，将原来的丛书再次精选出版，我倒是希望能够装帧得更加精美些，除了让读者有阅读的收获之外，也让图书增加一些被收藏的吸引力。

由于篇幅的关系，我们在这里并没有系统地总结“哲人石”丛书更具体的内容上的价值，但读者的口碑是对此最好的评价，这套丛书也确实赢得了广泛的赞誉。一套丛书能够连续出到像“哲人石”丛书这样的时间跨度和规模，是一件非常不容易的事，但唯有这种坚持，也才是品牌确立的过程。最后，我希望的是，能够继续像以往一样坚持，继续高质量地出下去，在选题上也更加突出对与科学相关的文化的注重，使它真正成为科学文化的经典丛书！

《寂静的春天》导读①

在今天，环境保护已经是人尽皆知的一个重要概念了。然而，从国际范围来说，人们认识到环境保护的重要性并开展环境保护运动的历史却并不很长。这一切的起点，恰恰与《寂静的春天》这本名著密切相关。

《寂静的春天》的作者蕾切尔·卡森，是一位美国海洋生物学家和博物学家。1907年，她出生在美国宾夕法尼亚州的泉溪镇，曾就读于宾夕法尼亚女子学院，先是主修文学，后又改为主修生物学，并于1929年毕业。毕业后，她来到位于马里兰州巴尔的摩市的约翰斯·霍普金斯大学学习动物学，1932年获得硕士学位。读研期间，卡森曾在一所卫生和公共健康学校的生物实验室找到一份助理的工作，主要是进行老鼠群体和果蝇的遗传实验，这段经历对她后来有较大的影响。研究生毕业后，几经周折，她终于被美国渔业局科技咨询部聘为中等水生物研究者。在此之前，卡森已开始为报纸撰写一些关于自然资源方面的文章，如一篇名为“水的世界”文章，就涉及人类违反自然规律对自然界的影响问题。在新的工作岗位上，卡森继续着她的写作，成了美国20世纪最具有影响力的自然作家之一。她陆续出版了《海风下》（已有中译本）、《我们周围的海》、《海之边缘》（有中译本，译名为《海滨的生灵》），被称为“海洋三部曲”，这些代表性作品表明她不仅是一位写科普作品的科学家，也是一位擅长以优美的文笔撰写自然文学的

---

① 此文原刊于岳麓书社《寂静的春天》（“名著导读”名家讲解版），收入本书时内容略有调整。

博物学家。她的这些作品，曾登上《纽约时报》的畅销书排行榜，获得美国国家图书奖，并被翻译成多种文字。

1958年，卡森接到她某位朋友的一封信，信中提到，在1957年夏天，州政府租用的一架飞机为消灭蚊子而喷洒DDT时，飞过了她们家的私人禽鸟保护区，第二天，她发现许多鸟儿都死了。她问卡森是否能找政府中的什么人帮忙，以免再次发生类似的事件。

这里所说到的DDT，是由科学家在1874年合成的一种名为“二氯二苯基三氯乙烷”的化学物质，但直到1939年，瑞士化学家米勒才发现这种物质可以作为非常有效的杀虫剂使用。此时，正赶上第二次世界大战，在战争期间，为防止瘟疫，大量的DDT被使用，拯救了众多的生命。而且，这种杀虫剂也被广泛地用于日常生活中，特别是用来有效地控制和预防蚊虫带来的疟疾；也被用于农业，以防治农业病虫害，使农作物大幅度增产。1948年，米勒因发现DDT可作为杀虫剂，和这种杀虫剂在第二次世界大战中的贡献，而获得了诺贝尔生理学或医学奖。按照卡森在《寂静的春天》中的说法，“在美国，合成杀虫剂的生产从1947年的1亿2424.9万磅猛增至1950年的6亿2766.6万磅，是原来的五倍多。这些产品的批发总价值大大超过了2.5亿美元。”DDT带来的贡献和生产DDT带来的利润，使这种杀虫剂的使用在全世界迅速普及开来。但此时人们还没有意识到，DDT的使用还会带来另外一些人们意想不到后果。

由于这封朋友的来信，再加上卡森以前的经历，她觉得需要做更多的调查。于是，经过几年的时间收集资料和进行研究，她写出了一系列的文章，先是在美国著名的《纽约客》杂志上连载发表，在此基础上，后来在1962年时，出版了《寂静的春天》这本著作。这便是该书的由来。

该书共有17章，从各个方面详细地讨论了DDT等农药的使用带来了对自然环境的破坏。其中，因杀虫剂对鸟类的影响和危害，使得原本生机盎然的春天因鸟类的减少而变得“寂静”，这成了此书标志性和代表性意象的标题。

应该说，卡森的研究和观点，在当时是非常有前瞻性、反叛性和革命性的，一反当时人们沉迷于科学技术发现和发明所带来的物质利益、经济利益和对生活的改善，将人们从这种沉迷中唤醒。而要公开地讲出这些与当时流行的观念颇为不同的新观点和新立场，是需要极大的勇气的。果然，从《纽约客》杂志刚发表了她系列文章的第一篇开始，就引起了巨大的反响。由于威胁到生产者的利益，一些农药公司甚至试图起诉《纽约客》杂志。在《纽约客》杂志拒绝妥协后，相关的产业界又采取了一系列的手段，包括对卡森的人身攻击和诋毁。一些学者和官员也加入到反对和攻击卡森的行列中。但另一方面，当时的美国总统肯尼迪的科学顾问要求有关人员就此问题开展调查，尽快拿出一份有关杀虫剂危害生态环境的最权威的报告。

几经较量，最后，总统的科学顾问委员会公布了关于杀虫剂问题的报告，证明了卡森观点的正确。此后，许多公司的杀虫剂的生产、销售和使用受到严格的控制乃至被禁用。《寂静的春天》这本著作也开始更加畅销，影响越来越大，成了当代环境保护运动的开端。1970 年，以她的名字命名的“蕾切尔·卡森全国野生动物保护地”在缅因州建立；1980 年，美国总统卡特授予她“总统自由奖”；1981 年，美国邮政部在她的出生地宾夕法尼亚州的斯普林格发行了一套“卡森纪念邮票”。卡森也因而成为最先唤醒人们的环境保护意识的先驱者。

《寂静的春天》这部经典著作因引发了现代环保运动而被称为“环保圣经”，极大地改变了世人对于环境问题的认识和思考，也成了人们不可不读的重要经典作品。其实，在这本半个多世纪以前写出的书中，一些更为具体的科学方面的内容，现在已有了更新的研究和发展，但我们阅读此书时，却仍然可以将它当作一本有科普价值的读物，当作一本就认识环境保护运动的源起来说具有历史意义的读物，可以当作提醒人们应该处理好人与自然的关系并具备环境保护意识的启蒙读物，也完全可以当作一本文笔优美的自然文学著作来阅读。

也许更为重要的是，此书会给人们带来更深入的思考，抛开那些更细节的内容，从最根本的原因来说，究竟是什么导致了“再也没有鸟儿歌唱”？

《何为科学真理——月亮在无人看它时是否在那儿》导读[①]

《何为科学真理——月亮在无人看它时是否在那儿》这本书，其原书名如果直译的话，应该是《科学的真理：物理理论与实在》。中译本的书名看上去更有吸引力，而且书中确实也提到了关于月亮的那句话——那本是历史上在讨论量子力学与实在的问题时人们用过的一种提法，但原书名的直译，更准确地反映了此书的核心内容。

原书名其实恰好反映了此书内容的几个关键词，即科学、真理、物理理论、实在。这些也正是此书作者所要讨论的问题。但除了物理理论这一条也许是物理学家们最擅长的之外，像真理、实在，甚至科学，其实更是哲学所突出关心的问题，或者说概念。

此书的作者罗杰·G. 牛顿是一位物理学教授，当然，从书中所涉及的内容来看，此人显然对哲学等人文研究领域也涉猎甚多。他是希望站在物理学家的立场，发挥物理学家的优势，对这些更应该是哲学问题的问题进行讨论。当然，这里还有一个相关背景就是，许多哲学家、历史学家、社会学家等人文社会科学学者以科学作为对象进行研究，近几十年来，这些研究对科学的性质、科学的真理、科学所称的实在等问题得出了一些与传统科学家们的看法很有些不同的见解，例如关于科学的社会建构论等。面对这些研究结果，一些科学家采取的态度是不理不睬，而另一些科学家，像此书作者罗杰·G. 牛顿这样的

① 此文系为上海科技教育出版社“哲人石”丛书（珍藏版）中《何为科学真理——月亮在无人看它时是否在那儿》一书所做之音频导读的文字版，收入本书时内容略有调整。

人，则站出来表达其不同的看法。这些观点，包括他自己对于科学、对于科学真理、对于实在的看法。这些看法与科学家当中的传统观点有相通之处，是他对人文社会科学学者对科学研究新发现的一种回应、反驳和批判，并由此以其特有的立场重新讨论了这些重要的概念和问题。

在此书的前六章，作者讨论的实际上都是非常哲学的问题，当然，这些问题与对科学的理解密切相关而且确实是非常根本的。在这几章中，我们可以看到作者确实是阅读了大量相关的人文学者的研究作品，并且以自己的理解进行了阐述、分析和批判。但我们也应注意到，他在对那些哲学家和社会学家的观点的理解上，在具有其独特性的同时，还是有一些不同的解读，并据之进行批判性的讨论。也许在哲学家们看来，在这些解读中会有一些误读和误解，比如对社会建构论的解释，作者就认为那些社会建构论者主张“所有的科学理论乃至它们的基本事实，都是与大自然的任何事物毫无关联的社会建构”等，像这样的说法，在别处也是可以见到的。但实际上这是对社会建构论的一种典型误解，因为社会建构论虽然强调在科学理论甚至科学事实中存在着社会建构，但并不认为它们百分之百是被社会建构出来的。不过，为什么这样一位科学家会有这样的“误读”和“误解”，至少这一现象本身就很值得人们去思考了。

在第七章的过渡后，此书的第八、第九、第十章，显然进入了作者最为熟悉的物理学领域。虽然还是试图要结合此书的主题来谈物理学中的相关问题，但相对来说哲学涉及的不算太多，而在内容上，倒不失为比较标准的物理学科普。

在最后作为结论性的章节——以“真理和客观性”为题的第十一章中，作者想要做出结论性的讨论，遗憾的是，我们最终并没有看到作者对何为真理、何为客观性给出一个简洁、明确的定义。当然，我们也可以理解为，像这样复杂的问题，也许只能在讨论中去理解，当给出具体的定义时，反而会带来新的误解或者新的争议。不过，这些讨论的内容，也还是很有些新意和启发性的。

总之，对于科学及与科学相关的像科学的性质、科学真理、实在等问题，学者们有不同的看法和理解，这是很正常的事情，不同的观点之间的争论，对于更为深入地思考和认识这些问题也是大有益处的。如果要说该书最突出的特色和意义，那就是它提供了一个物理学家从其立场来看待和解说这些问题的典型。只不过需要提醒的是，这也是物理学家或某些物理学家的一家之言，我们更需要记住，在此之外，也还有不同于此的像哲学家等人文社会科学学者的观点存在。纵观各家观点，了解其分歧和不同，并经独立地、批判性地思考得出自己的结论，才是最为重要的。

或者，用另一种方式来说，像哲学中的许多命题一样，从古至今，争论从来就没有停止过，而且一直没有被普遍接受的唯一观点。在这种意义上，也许多种观点的并存，反而是一种更为正常的情况。

一颗闪耀的科普之星①

我觉得卞毓麟老师在国内科普界是一个非常奇特的人物，非常特殊。从他的经历来看也是这样。他先是在科研机构做科普，后来为了更顺畅地从事科普工作，也为了在科普领域有更大的、更直接的贡献，甚至离开科研机构，转到了出版社。1998 年，卞老师进入了出版行业以后，立足于上海科技教育出版社这个平台，在整个科普出版界，都可以说是真正做出了独一无二的贡献。但是，他又不像一般的科普编辑，只限于做单一的科普编辑的工作。他自己还一直坚持科普原创工作，有大量原创科普作品问世。

卞老师之所以能取得这些成果，一是因为他有良好的科学背景，这个在科普创作中是必需的；二是因为他掌握了非常适合普通读者阅读的写作技巧。另外，我觉得卞老师自从做了编辑以后，在科普作品中更好地把握了市场和受众心理，他的作品也因此获得了很多奖项，我在一些评选活动中也看到了卞老师的书。当然了，一本书得不得奖，其实只是一个方面，很多没得奖的书也很重要。我觉得，一般来说，一部优秀的作品，重要的还是自身的特色、质量、水平、可读性和阅读价值，凭借这些才能流传下去。

卞老师的科普创作，特别是他擅长的天文领域的科普创作，一定会成为中国当代科普创作的经典，就像他的一本书的书名——《追星》。其实，这个书名完全可以从多重意义上去解释。我想，卞老师实际上

---

① 此文原发表于《挚爱与使命——卞毓麟科普作品评论文集》（上海科技教育出版社，2019），收入本书时内容略有调整。

就是一颗当代科普界的很闪耀的星。未来，随着他的著作的流传，卞毓麟老师的影响力会不断扩大，越来越多的读者也会把卞老师作为一颗科普之星来继续追下去。

坦率地说，我们现在的原创科普作品的问题还是很多的。一方面，我们一直在大力鼓励创作科普作品，包括政策的倾斜等各方面的支持；但是，另一方面，从市场表现来说，以及从一般读者的阅读感受和可接受性来说，我们的原创科普作品跟国际上优秀的科普作品还是有很大的差距。我觉得这里头有很多因素，很难一概而论。我在这里突出地提两点我认为影响比较大的因素。一个是观念的传统：过于注重传统的知识传授方式。其实在今天这个时代，从科普发展来说，仅仅讲授一些知识，哪怕是最前沿的知识，也远远不能够达到科普应该实现的使命的要求。另外还有一点，就是官方的引导。其实，我们的科普创作活动也是政府力推的，政府的参与给科普创作带来了经济上和各方组织上的支持。但是与此同时，也不可避免地让它产生了形式化，过于正统，缺乏生动性、趣味性等这样一些问题。不过，我觉得从卞老师本人的科普创作来说，恰恰就是在这两方面都有所突破。

从小准备，面向未来①

就科学普及来说，从内容的分类上讲，大致可以分为关于过去（科学技术的历史）、现在（科学技术的现状）和未来（展望未来）三种类型。这三类普及性著作内容的可靠性一般来说是依次递减的。因为，关于科学技术的历史，基于科学史家们长期的细心研究，可以对过去发生的事情做出比较可靠的叙述。关于科学技术的现状，只要对之有较好的理解，也可以比较准确地描绘出一幅非常接近于科学家们所理解的图景。但是，对于未来的展望，就不那么容易了：基于对科学技术发展现状的理解，还要加上许多推测性的想象，而且，究竟未来是否会真的像人们现在想象的那样，恐怕是有着相当的不确定性的。

然而，人类还总是愿意想象未来的样子，或是出于好奇，或是由于期盼能沾上一点未来的边，以便过上更好一些的生活，同时也让当下的努力显得更有价值。当然，也有人是出于责任心，希望人类的未来能够变得更美好而不是更糟糕，并从现在就为之做出相应的努力。

有一门学科，叫未来学，是专门预测未来发展的样子的。从过去的经验来看，未来学的预测，到目前为止，有的预言是应验了，也有些还未应验，更有些似乎被看成是不切实际的幻想。尽管如此，人们仍然不断向自己的想象力提出挑战，希望能够对未来有所了解，有所掌控。

虽然有许多非常专业或不那么专业的未来学研究，但就面向青少

---

① 此文系为接力出版社“未来新科技少儿新知系列”丛书（2016 年已出版《能读懂心情的房子》《可以活 1000 岁的人》《用“基因”培育的汽车》三种）所写之序，收入本书时内容略有调整。

年的未来学科普读物来说，令人满意的却不是很多。不过，现在在读者面前的这套“未来新科技少儿新知系列”丛书，却给人耳目一新的感觉。这套丛书就未来的人类、未来的医学、未来的交通、未来的城市，以及关于“地球人类世”理论视野下的地球和人类未来的发展和未来人类对太空探索的前景，做了生动、形象而且非常富于想象力的描述。

其实未来并不是从天上凭空掉下来的，未来也脱离不了过去和现在，因为如果说关于未来的想象还是要有些基础的话，那么这个基础就是基于历史和现实之上的合理外推。在这套丛书中，作者也适度地兼顾了对历史的回顾和对现实的描述，这些知识，也同样构成了面向青少年进行科普教育的重要内容。而且，这种以基于过去和现在进行合理外推来展望未来的方式，也以一种潜移默化的方式教育青少年读者，让他们意识到思考未来的恰当方式并非不着边际、天马行空地胡思乱想，而是建立在过去和现在的基础之上的。

但要预想未来，毕竟还是要有相当的想象力。在这套丛书中，作者也恰到好处地体现了推论的基础和想象力的适度平衡。在我们当下的教育中，由于种种原因，对青少年的想象力的开发并不理想，而这套丛书恰恰在培养青少年的想象力这方面有着积极的教育意义。

除了上面所说的各种在科普意义上的教育价值之外，更加延伸一些，我们还可以用更新的理念来思考普及这种未来学的价值。在这套丛书中，作者虽然以主要的篇幅展示了未来的种种美好的可能，但也对人类在未来可能要面对的风险有着适度的提示。

正如《新人类》那本书所指出的，按照奇点大学教员保罗·萨福的说法：“我们所面对的最大挑战就是让公众对现今的发明可带来的后果有所了解，以及他们如何能掌控这一状况。”“我们已经知道，我们的物种一次次地错估了最新技术的先进程度，在发现明智地使用这些新技术的方法之前，我们已经造成了很多破坏、伤痛甚至死亡。而现在，科学技术已经准备好对人类进行重新定义，那么我们就不能再重复过去的错误。”“可以肯定的是，无论目的是好还是坏，技术都在被利用，而且它需要智慧来指导怎样使用技术，以阻止可能出现的危害人类物种或星球的灾难。为了避免《机器人总动员》或《终结者》成为现实，我们需要从小就培养智慧，以使未来的领导者们现在就做出正确的决策，保证社会起到使大家一起做决定的作用，我们需要确保认真听取科学家的建议。我们的社会也许会永远持续下去，也许不会。我们还是保证它明天不会结束吧。”

人类当然希望自己能有一个美好的、可持续的未来，但这确实又需要我们从今天开始做出恰当选择和努力。希望这套从科学技术发展角度来展望未来的丛书，能够为青少年带来一种新的视角，带来一种新的思考方式。

物理也可以不难学[①]

现在的孩子们，与以前相比，有更多的机会学习很多的东西，比如这套“克里斯博士给孩子的物理启蒙书”丛书，就是给孩子们讲物理的。

在基础科学的各学科中，一般来说，物理通常会被许多人认为是最难学的。这可能有多种原因，例如，物理要用到比其他科学基础学科更多一些的数学；物理基本上是在处理一些理想情形下的理想模型，与人们一般直观的经验有所不同，因而需要改变一些思维习惯等。

但在这套物理学的普及读物中，作者独具匠心地将物理学的基础知识用非常通俗、形象而且适合少儿的方式讲授出来，避免了过去许多类似读物中过于枯燥、艰深，颇有拒人于千里之外的那种讲述方式。作者在必要的地方并没有回避用上少量的数学公式，但是在大多数地方，以符合少儿接受习惯的方式，结合生动、形象的比喻，结合日常生活中的场景，通过大量的游戏，向读者准确地说清楚了物理学的一些非常本质的观点。

在过去的科普中，经常有一种说法，即理想的科普要既通俗又准确。但实际上通俗和准确这两个要求经常是不能相容的。最准确、最无歧义的传播，应该是用数学和科学术语的那种专业交流。在面向非专业的，甚至是少儿读者时，如果要足够通俗，那只能牺牲专业意义上的准确，也就是说，对准确应该是需要另有不同的要求的，与此同

---

① 此文系为接力出版社即将出版的“克里斯博士给孩子的物理启蒙书”丛书所写的序，收入本书时内容略有调整。

时，又不能是不准确甚至错误的。从这套书来看，作者是很好地把握了这种分寸，当面向特定年龄的受众时，在其可接受和理解的程度内，达到了最大限度的准确。或者换句话说，是以恰当的方式表达了物理学核心的看待问题和思考问题的方式与方法。通过这样的读物来学习，在孩子们会愿意接受和喜欢的方式中，物理学应该并不难学。

但是，现在的孩子们在学习上的负担本来就已经很重了，为什么要让孩子从小就学物理呢？这也许是一个更大的问题。其实，并非所有的人都必须学物理，学习在有兴趣的前提下才是人性的，而且学习的内容也应该有多样的选择。但如果在可能的条件下，孩子从小真的能够学到一些物理学的核心观念和思维方式，对于他们未来的发展，特别是思维的发展肯定还是有一些不可替代的好处的。这并不是说要以死记硬背的方式去学物理，去“刷”物理习题，而是说要学会以一种很重要的视角和像科学家们那样，以一种很符合逻辑的物理思维去看待和理解身边的世界，这才是最重要的对科学素养的培养。

如果某些孩子们在不是被强迫的情形下，有条件、有机缘能够根据自己的兴趣来读这套书，并学会了其中的一些东西，那就是一件幸事了。因为这是一套很理想的适合让孩子去学习的读物。

“中国好书”中的科学技术①

作为面向公众评选推荐的“中国好书”，科普生活类的好书也占有重要的一席之地。在最终评选结果中，有《中国古代重要科技发明创造》《航天育种简史》和《胡大一医生浅谈心脏健康》入选。其实，如果加上入围的《永恒的诱惑：宇宙之谜》《看脸》和《吃货的生物学修养：脂肪、糖和代谢病的科学传奇》三种，则占到总入选和入围图书的10%。这些书，反映了当下面向公众的科学普及和生活领域的几个有代表性的方面，涉及公众所关心的健康生活、医疗保健、心理认知、宇宙之谜、航天和中国古代科学技术成就等科学普及和生活领域的热点话题。当然，仅仅在选题上与热点相关还并不构成入选和入围的全部理由。目前科学普及和生活类图书的出版数量较多，要能够在这众多的图书中脱颖而出，内容的权威性和文字的趣味性、可读性，更是重要的因素。

以最终入选的三本书中的《中国古代重要科技发明创造》一书为例。以往，在科学普及读物中，传统类型的注重对具体科学知识的传播、对前沿科学技术进展的普及的图书占据了绝大部分。当然，这种传统的科学普及读物也有其不可替代性，但随着科学普及观念的发展，人们也越来越注重关于科学的观念、科学的方法、科学精神和科学的历史的普及传播。对于普通公众来说，这些新的传播内容甚至具有更重要的价值。在过去，一提到中国古代的科学技术，人们首先便会联想到著名的“四大发明”。“四大发明”确实是中华文明的一个标志，但

① 此文原刊于2017年7月16日的《光明日报》，收入本书时内容略有调整。

它还不足以全面展现中华民族的科技成就。中国古代的重要发明创造远不止于此，其他那些发明创造对人类生存和发展的贡献也并不逊色于“四大发明”，它们甚至改写了整个人类历史的发展方向及进程。此书在全球史视野下详尽考察分析了88项具有突出原创性、能够反映中国古代科技发展先进水平的科技发明成就，展示其对世界文明发展进程的重要影响及贡献，总结了国家科技创新与可持续发展的规律和科技与各种社会因素的互动关系，弘扬科学精神，具有重要的国家战略意义。

其实，除了科普生活类的图书，在“中国好书”的其他类别的入选和入围书目中，也有不少涉及科学技术的优秀图书。例如关于中国航天液体火箭发动机的长篇纪实报告文学《中国动力》，描写中国机器人技术和产业发展辉煌的创业史的《中国机器人》，“20世纪中国科学口述史”丛书的《创新·拼搏·奉献——程开甲口述自传》等，尤其是入围的科幻小说《天父地母》更是日益成为阅读热点和科幻作品中的精品，在作者的想象王国里，智慧水银泻地，情怀云蒸霞蔚，给人以极度的震撼及深刻的启迪，把宇宙、世界、生命、人类的终极关怀推向了极致。

总之，“中国好书”中的这些优秀作品，既体现了科学技术在当下社会中的重大影响，又反映了与之相关的传播普及热点。

一套有新意的科学史普及之作①

科学史，姑且不谈其在学术研究上的意义，只就其在科学教育和科学普及中的作用，也是极其重要的。除了今天科学教育中基本都是西方科学相关内容的西方科学史之外，对于在中国的科学与文化普及，中国科学史当然更是不可缺少，只不过因为当下人们对西方科学要更加熟悉，也更容易接受和理解，所以中国科学史的普及是很有难度的。虽然市面上也经常可以看到普及性的中国科学史作品，但要说真正有新意，真正能够反映出此领域较新的观念的作品，仍然是凤毛麟角。

作为普及著作，要想有新意，反映新观点，其重要的基础和保障，当然是来自学术研究积累。由国内研究中国科学史的重镇——上海交通大学科学史与科学文化研究院的首任院长江晓原教授主编的一套六册的彩图青少版《中国科技通史》，便是近年来达到这种要求的代表。从主编来说，江晓原在几年前曾主编过学术性很强、面向专业研究者的五卷本《中国科学技术通史》。那套书应该说是为此套面向青少年的《中国科技通史》所做的重要学术准备。从撰写者来说，此套普及版的《中国科技通史》系由上海交通大学科学史与科学文化研究院的八位博士执笔，这显然比起那些非专业人士的任性之作要更有质量保障。

不过，前面说的这些只是为作品的高质量提供了基础。真正的在观念上、形式上和内容上的新意，还必须结合作品的内容才能体现。

---

① 此文原刊于2020年4月27日的《文学报》，收入本书时内容略有调整。

其实中国科学史的研究和观点本身也一直在变化和发展中。以英国那位大名鼎鼎的中国科学史研究权威李约瑟先生为例，他撰写《中国科学技术史》时所采用并被后来的研究者们批判的原则，就是用西方科学史框架来安置中国历史上种种与科学技术相关的发明和发现。这或许近似于我们常说的削足适履吧。虽然都被称为“科学”史，但古代中国的科学，在其各方面，从哲学基础、研究目标、研究方法、表现形式、应用方式等，都与西方科学有相当的不同。对于历史来说，更应该表现的是其所描述的对象在当时社会环境中实际存在的状况，而这样的状况却经常是与今天大不相同的，这才能够让人们意识到人类的发现和发明的多样性和复杂性。

传统上，人们谈到中国科学史，最常见的简单理解就是所谓的“四大发明”。这是由西方人提出的。如果从对中国历史的实际影响来看，“四大发明”是否真的能够作为代表中国古代科学技术的特色选项？又如，在学术界，对中国古代科学史的重点又常常以天、算、农、医来概括，即天（文）学、算学、农学和医学。在这些领域中，中国古代的成就确实独特，但这是否就能反映中国古代科学技术发展的全貌呢？

也许是顾及传统中流行观念的影响，在这套书中，也确实分别介绍了“四大发明”、天学、算学和医学，但这却不是此套书的叙述主线，反而只是各册中的部分内容。更多的与社会日常生活相关的，像地学、纺织、烹饪、乐器、建筑、航运、冶金、陶瓷、水利等，分别成为各册的核心内容。除此之外，在以往中国科学史研究中被忽视但却在当下的学术研究中被重新重视的炼丹和博物学，也与之并列。从中外科学交流史的角度，自汉代随佛教东传而开启的中国与世界文明古国的交流，以及从明末清初开始的西学东渐，到当今的“大国重器与新四大发明”，也分别各有一册专门介绍。以这样的方式，此套《中国科技通史》更为综合、全面地反映了中国科学技术的发展脉络。

从写作上看，这套书的内容确实比较通俗易懂，而且图文并茂，便于青少年接受和理解。但这还不是重点，因为对于任何普及性的著作来说，这都应该是基本要求。在这里更需要强调的是，在这样的普及著作中，整体上和字里行间所传达的那种新观念。更具体地说，就是新的历史观和科学观。即让读者能够意识到，如果以对自然的认识和对生活的改变而产生的知识和技能来广义地定义科学技术，那么这样的科学技术的系统和形态可以是非常多样的，在中国不同于西方的社会文化背景下产生的与西方有所不同的科学和技术，也是有其道理和应用价值的，也是人类文化的重要成就之一。

在科学的普及传播中，哪怕是面向青少年，当以科学史作为载体时，传达这样的理解是与介绍更多的知识同样重要的。否则，当我们说像中医要进入基础教育，而学生在面对与西医不同的知识体系，同时又面对已经有所了解的在当下传播更为普遍的西医，且坚持真理只有一个的时候，学生还怎么会相信中医不是伪科学呢？

彩图青少版《中国科技通史》所传达的这样一种多元化认识，恰恰是对长期以来甚嚣尘上的将西方科学当作唯一正确的知识体系的西方中心论和科学一元论的一种解毒，也为当下科学普及与传播领域所应秉持的文化自信、理论自信做了绝佳的诠释。

科学文化出版人与中国的科学文化①

刘华杰（2019-06-09，云南勐海县布朗山）： 今年是英国科学家和小说家查尔斯·珀西·斯诺（Charles Percy Snow，1905—1980）于1959年做的关于两种文化的著名演讲60周年。据我所知，你和陈恒六最早翻译了斯诺的相关作品，潘涛的这本书的核心主题之一也是两种文化，虽然侧重于科学文化一侧。潘涛是我们的老朋友，针对这部信息量巨大的有趣作品，我们有许多可说的，从哪儿开始呢？

刘兵（2019-06-11，北京清华园荷清苑）： 虽然我们是在以对谈的方式来写序，但毕竟对谈还是一种比较放松的方式，我们可以想到哪儿就说到哪儿。我看你拟的标题，是要讲科学文化出版人与中国的科学文化，而此书的作者潘涛又正是一位多年来在出版界为中国的科学文化出版做出了重要贡献的出版人，那就由此谈起吧。不过，讲到出版人，潘涛还是有些特殊的。从出身来说，他是北京大学科技哲学专业的博士，只不过博士毕业后，他没有选择在像高校这样的机构从事教学、研究工作，而是选择了出版行业。也正是因为他特殊的出身和这一选择，才使得他在出版界成为一位有特色且对中国的科学文化做出了突出贡献的出版人。

刘华杰（2019-06-11，云南勐海县勐宋乡）： 科技哲学、科技史或自然辩证法专业的硕士或博士毕业后从事科技出版，在国内案例并不少，如中国科学技术大学的博士胡升华、吉林大学的硕士范春萍、

---

① 本文系为潘涛著的《魔仆与泥人：什么不是科学》（浙江大学出版社，2020）一书所写的序言，收入本书时内容略有调整。

上海交通大学的博士韩建民，但北京大学的博士潘涛在其中仍然非常特别。潘涛不是接近毕业时才对科学文化感兴趣的，而是更早。另外他的理工科（具体讲是生物力学）背景也显得特别，他同时对生命现象、非线性、复杂性有钻研。他独立翻译过《上帝掷骰子吗？》《自然之数》等，牵头翻译《从摆钟到混沌》，还与我合作翻译了《湍鉴》。考虑到这些，他在科学类图书编辑中也是个性突出的。

刘兵（2019-06-12，北京清华园荷清苑）：我同意你的说法。比起别的参与科学文化出版的编辑，我们能频繁地在各种学术会议上看到潘涛，而且不仅仅是像有些出版人一样只是来听会、寻找选题和作者，他亦经常作为会议的报告者讲述其学术研究成果，比如“竺可桢与李约瑟”。你提到的那些翻译的著作，也是与其研究密切相关的。因而，他可以说是兼具出版人和学者双重身份。作为出版人，如果我们列举潘涛参与的出版物，可以举出像“哲人石”丛书、“八面风文丛”、牛津的《技术史》（七卷本）等多种在国内科学文化界很有影响的作品。策划、组织、编辑这些作品，则是其出版人形象的代表性特征了。

刘华杰（2019-06-16，北京大学人文学苑）：回信迟了，抱歉。前几天在勐海的山上，没有信号；今天刚从云南返回，航班延误，下半夜1点才到家，早晨7点前又急着赶到学校。

潘涛是国内少有的集研究、策划、编辑、评论于一身的稀缺性人才。经常阅读*Science*、*Nature*、*New Scientist*等杂志，同时又阅读科学哲学、科学史、科学社会学、科学知识社会学文献的编辑，据我所知非常少，而潘涛就是其中之一。这使得他的科学文化视野非常广阔，此书中的许多文章就反映了这一点。与此同时，我又特别想强调他的案头功夫相当厉害。有的编辑策划能力较强，案头功夫弱些。潘涛对书稿的加工极为精细，对于有疑义的地方他能主动查找资料加以核实，从而帮助作者排除许多错误。这样的好编辑真是越来越难遇到。你我可能都有这样的经历：有的编辑不但不能提高原稿的质量，还添乱，把对的改错了，而且有时还悄悄地改，作者想改回去都很麻烦。

刘兵（2019-06-23，北京清华园荷清苑）：我今天参加了一个会议，是关于他原来在上海科技教育出版社负责组织、编辑并出版的牛津《技术史》要换另一家出版社再出新版。从这件事也可以看出他十多年前的工作的价值及延续。其实，虽然作为出版人的主要工作是策划、编辑，但我们也会看到一些出版人出版自己的著作或文集。不过在现在这本文集中，我们看到的却是学理性很强的文章，如果不专门介绍作者背景，人们几乎会认为这就是高校中的学者所写的。具备了这样的学术水准之后，再从事出版工作，显然其对所出版的著作在学术上的理解和把握会与一般编辑有很大的不同，选题眼光会更敏锐和准确，与学者们的沟通也会更加顺畅。可惜像这样的出版人现在也是越来越少了。

刘华杰（2019-06-23，北京西三旗）：翻译出版《技术史》确实是件浩大的工程，上海科技教育出版社前社长翁经义先生与潘涛、卞毓麟等在出版工作中合作得非常好。先生对我也非常照顾，在此，我也想对翁先生表示个人的感谢。我印象中，除了《技术史》，潘涛作为重要策划人成功组织出版的丛书还有“哲人石”丛书、《竺可桢全集》、“普林斯顿科学文库”、“八面风文丛”、“辞海译丛”等，其中“哲人石”丛书体量巨大，是科学文化出版物中的精品。在国内能与此丛书相提并论的科学文化类丛书似乎只有“绿色经典”“第一推动”“大美译丛”，而就体量和翻译、编校质量而论，“哲人石”丛书又高出一筹。你我在“八面风文丛”中都有一本个人文集，我的那本《一点二阶立场》，是丛书的第一本，胡亚东先生作序，2001 年出版。此书有四编，其中一编的标题就是“博物情怀”，此编中有一篇短文的标题是“从博物学的观点看”。回想一下，在新世纪初就吆喝博物学，到现在快 20 个年头了。感谢潘涛及上海科技教育出版社出版我的文集。实际上，作为老朋友，潘涛对我帮助非常多，在学术和为人处世上，潘涛比我更稳重、成熟，这给我留下深刻印象，我从中也学习到许多。我带的一名硕士生研究英国博物学家约翰·阿瑟·汤姆森（John Arthur Thomson），我让她专门请教潘涛。因为潘涛在读博士期间就已经在关注汤姆森及其《科学大纲》了。

刘兵（2019-06-24，北京清华园荷清苑）：正像你所说的，在潘涛负责的“八面风文丛”中也有我的一本集子，即《像风一样》。在我出版的文集中，这也是我比较中意的一本。对此我也是很感激他的。不过，现在我们应该转向谈谈潘涛自己的这本文集了。在潘涛的这本文集中，很多文章都与书相关，其中的主题，应该是两种文化问题。他似乎对于超越于两种文化分裂之上的第三种文化颇为期待。但是，这个第三种文化究竟是什么？在有关科学文化和人文文化的争论中，包括争论的发起者斯诺在对两种文化分裂问题的提出和后续的讨论中，其实是更偏向于科学文化一边的。而后，在其他人的讨论中，甚至在今天这一争论的延续中，这种对科学文化一方更为侧重的倾向也依然存在。这样一来，两种文化各自的价值就变得不那么对等了。对此，不知道你会怎么看？

刘华杰（2019-06-24，北京五道口）：两种文化只是一种简化的说法，其实远不止两种。现在，在两种文化或多元文化中，各方处于不对等的地位，其中科学文化一枝独大，取得了压倒性的优势，科学标准近乎成了田松所说的“冥尺”，用它可以测度其他文化、行为的合理性，而别的东西却无法就此标准进行有效质疑。前几天陈鼓应先生送了我一本他编的文集——《春蚕吐丝：殷海光最后的话语》，其中有一段：“许多讲中国文化的人，极力在中国文化中附会些科学。这实际是把科学的分量估计得过重，以为中国文化中没有科学便没有价值。其实中国文化即使没有科学，并不损于它的价值。不过，对中国目前的情形来说，用严格的方法来界定知识，检验知识，当然是重要的。”殷海光先生在20世纪60年代末提到的情形，在今日科学文化、科学史、国学讨论中依然反复出现。

说到底，科学是一种认知手段，模型化是其基本方法，而建立模型不可避免地要大大化简真实世界、生活世界的场景；不会化简就不成为科学，也做不出简洁的科学成果来。科学的成果，部分反映了大自然、人类社会中的某些关系，但它们是基于局部简化得出的结果，通常只对于局部情况有效。至于全局和长远，那从来不是科学真正在乎的，或者表面上在乎实际上因无法操作而未加考虑的。除了科学，其他文化能够考虑更大的局部及更远的将来吗？回答是肯定的，因为其他领域的量化要求相对低，其他领域提供的建议更多地在于保持系统的稳定性，而不像科学那样特别追求创新。于是，可以简略地讲，科学文化是提供了天人系统不稳定性的一支，而非科学文化则是提供了稳定性的一支。这不是绝对的，只是相对而言。就天人系统的长久生存而言，稳定性与不稳定性两者都是需要的，缺了谁也不行，特别是，不能只讲不稳定性。潘涛的这部文集多处涉及两种文化问题，他的处理应该说还是比较老练的。

刘兵（2019-06-25，北京清华园荷清苑）：你从稳定性和不稳定性的角度来讨论科学文化与非科学文化，既与你和潘涛共同关注的系统论和复杂性研究相关，也是很有创意的观点。但单说非科学文化太过笼统，也许还需要更加细分一下。其中，人文文化也许是最具概括性的一支。除此之外，如果我们把科学文化一词中的“科学”理解为最狭义的近现代西方科学的话，那么，对于自然界的系统性认识的其他分支，又有不同的归类方式。一种是作为广义的科学，复数的科学，这也就是我们经常玩笑式地用“宽面条”来比喻的“科学”。也正是在这种意义上，人们可以谈及科学多元性和科学文化的多元性。另一种分类方式，则是仍然对科学采取狭义的理解，而将其他的文化一并归入非科学文化。这两种分类各有优劣之处，只是人们在一般的讨论中，经常有所混淆，从而带来了更多的争论。你说，潘涛这部文集中在多处涉及两种文化问题的地方处理得比较老练，对此你能多做一点解释说明吗？

刘华杰（2019-06-26，北京西三旗）：我说的老练，指在清晰的二分法之间保持了适当的平衡。年轻人、初级涉猎者容易冲动、简单化，缺乏张力。对科学概念的宽、窄两种理解，在一定条件下，我都可以认同。但从为了叙述方便、减少分歧来说，“窄面条”定义更好操作。按此方案，许多好东西，就不必往人家的堆里挤了！比如文学和艺术很好、很有趣，但不是科学。但如果采取宽面条的定义，就可能（只是可能）面对这样的辩护：文学、艺术也是某种科学，而且可能还是更好的科学。再比如，博物学是啥？有人喜欢往科学上靠，有人不喜欢，这些都可以理解，也各有利弊。

刘兵（2019-06-27，北京清华园荷清苑）：我们是以对谈的形式来为此书写一个序言，而在序言中，无论谈论得如何全面，也终不能替代读者的阅读和思考。但我们也不妨对之做一个总体性的评论和判断：正是在我们前述的背景之下，潘涛这本由各篇以书为依托话题的评论、论文、译后记汇集而成的文集，因其作者兼具出版人和科学文化人的特殊身份而别具特色，再加上你所说的他在文本处理上的老练，更使得这本文集在当下虽然不算热门但也还是已有了不少出版物的科学文化传播领域中，成了相对特殊而且值得关注的一种。该书的出版，应该对国内科学文化传播有其不可替代的价值。

对话《从一到无穷大：科学中的事实与臆测》①

主持人（王巍教授）： 尊敬的暴永宁先生、刘兵教授，各位来宾、老师、同学，大家晚上好！

我是清华大学国家大学生文化素质教育基地常务副主任王巍。非常欢迎大家出席今天晚上“邺架轩读书沙龙”第 12 期的活动，本期沙龙我们非常荣幸地邀请到暴永宁先生与刘兵先生对谈《从一到无穷大：科学中的事实与臆测》（简称《从一到无穷大》）这本书。

暴永宁先生 1968 年毕业于北京大学物理系，1981 年获得中国科学技术大学理学硕士学位，1976 年以来一直业余从事科学与科普著作的翻译工作，《从一到无穷大》就是他的经典译著之一。同时，他在《科学年鉴》《科学美国人》等著名科普杂志上发表多篇译文，并且将相当一批中国科学家的学术专著译为英文，介绍给国际学术界。

另一位嘉宾刘兵教授毕业于北京大学物理系，现在是我的同事，平时我“怼”他也是“怼”惯了，所以一本正经地介绍他感觉怪怪的，常言讲“口服心不服”，实际上我对刘兵教授正相反，是属于“心服口不服”，所以我经常挤对他。刘兵教授出版有 16 本专著、10 本个人文集、6 本科普著作、8 本译著，发表学术论文 300 多篇，其他报刊文章 400 多篇，是非常多产的，所以很难得借此机会公开表扬一下他。

---

① 此文系根据 2019 年 5 月 7 日晚在清华大学第 12 期“邺架轩读书沙龙”上的对话录音整理而成，收入本书时内容略有调整。

我们今天讨论暴永宁先生的经典译著《从一到无穷大》，这本书影响非常大，一言以蔽之，清华大学校长邱勇院士就是这本书的忠实读者，而且去年这个时候专门向清华大学所有新生赠送了这本书，据我所知，这一年来这本书在邺架轩书店也是高居畅销榜的前列。暴先生旅居加拿大，这次趁着暴永宁先生回国时我们特邀他参加这样一次活动。接下来，我们把时间交给本次沙龙的主讲嘉宾暴永宁先生和刘兵教授，大家欢迎！

刘兵：今天这个活动非常难得，因为暴先生平常不在国内，正好我们赶在暴先生回国的时候举办这个活动。这本书应该说是很老的一本书了，它的原著出版距今应该有半个多世纪了，中译本的出版到今天也有 40 多年了。这么长的时间里，这本书是经得起考验的，是极其经典的。它是科普著作，其实现在我们往往对于“科普”这个说法有一些误解，觉得科普著作一般都是比较“小儿科”的、简单的，没有什么学术含量。这本书恰恰可以改变人们的这种观念，应该说它是中国改革开放以来最早出版的非常优秀的科普著作，我们今天读这本书仍然觉得它很有价值、很有启发性。

这本书在当时特定的历史条件下出版又有另一层重要的意义。在座的来宾如果看过这本书，就会看到我在序里写的一段感言。当时我像在座的很多同学一样是大一学生，几乎没有什么书可读，碰巧一位教高等数学的老师在大课上推荐了这本书，说这本书如何如何好，让我们找来读，我对此印象特别深刻。真正“操刀”翻译这本书的就是暴永宁先生，我觉得是不是让暴先生先讲一讲翻译这本书的缘起和当时的选择，这样一些历史故事甚至有点儿口述史的意味，过些年大家可能很难把握、追溯和了解这些情况了，我们借此机会也是一个回顾，也是一个记录。

暴永宁：谢谢刘兵先生，谢谢大家。先说一点题外话，因为不经常回国，回来就想去很多地方走走，见很多朋友，但受邀给清华的学子们讲一讲这本书，我没有犹豫就答应了。原因之一就是，我差点儿成为诸位的校友。我是天津人，上小学时第一次到北京来，去颐和园时路过北京大学，一看到北京大学的大红门我就被“俘虏”了，我说我将来得上这来。可惜当时没有看到清华大学这个门，很遗憾。到北京上了大学以后才知道当时清华大学有个主楼，现在看起来是很一般的了，但是在当时的大学里只有清华大学有那么一个大主楼，非常气派，我们从北京大学宿舍楼就能看到这个主楼，当时不光是我，很多同学都说应该上清华大学的。

说起这本书，时间就比较长了，我想到哪儿就说到哪儿。我上大学的时候也没有想过要搞翻译，那时候上物理系，脑子里想的都是物理、诺贝尔这些东西，而且我英语并不好。我上小学的时候看不懂《红楼梦》，英语也很初级，上了大学做吉米多维奇 3000 多道题就把我"俘虏"了，不知道现在还有没有。

刘兵：经典一直是经典，几十年前我在北京大学念书时也做吉米多维奇题。

暴永宁：所以就没有功夫弄外语。赶上"文化大革命"几年都没有念书，后来我到辽宁的黑沟公社中学教书。我在那里时，已经觉得物理搞不下去了，电都没有，更不用说实验室了。我白天教书，晚上回家，在办公室一角弄了一张床，烧柴火，学生拿的柴火很多是湿的，半夜冻醒了，就起来点油灯看书。我当时最贵的一本书，是郑易里的《英华大辞典》，5.2 元，就看那个，一页一页地翻，看完了没有其他书看，就再翻看这本书，结果就这么着把英语学起来了。

当时要说起来在山沟里有个好处，那个山沟里没有人干涉我，我要是在工厂里看两年书说不定还会惹来麻烦，可是山沟里顶多有人问你看什么，这是什么东西，他并不认识，所以我很安全地把这本辞典看了几遍。但是我发现，学生们、一般农民都有一种求知的欲望，需要文化生活。但是那个山沟里没有别的文化生活，只演样板戏，但是农民就是爱看。县里有个样板戏团下来演出《红灯记》，我们一看李铁梅和李奶奶都比李玉和高一大块，但是大家非常积极地看，骑着自行车或者走路，打着火把，到下一个演出地方去看。学生们很喜欢外面的世界，偷偷问我很多东西，比如那时候"阿波罗 11 号"上月球了，当时也许《人民日报》登了，但是很多小报不登，他们偷偷问我人怎么能上到月亮上去。还有很多其他问题，比如尼克松被弹劾了，他们也问我，当然他们不说“弹劾”，也不知道这个词，而是说“美国的主席不当了？谁能够不让主席当主席啊？”他们就有这种好奇的心理。

1974年我调回天津，也是在学校里教书，那时图书馆开始对公开放，每个学校发两张借书证，中文的和英文的各一张，英文的只有我一个人用，于是我就去天津图书馆翻，最后发现了这本书，一看就觉得这书挺好，就开始看。后来学生问了我很多东西，我也给他们讲了一些东西，看见他们听后眼睛都发亮。有一次写论文，让学生写自己最熟悉的老师，不少学生写的是我，都写“暴老师上课不拿讲义，拿粉笔就来了，写一黑板”。有一个学生写到“我没有想到物理那么有趣”。我当时觉得应该给这些孩子写一点东西，就想到搞翻译，但是没等到我开始动手翻译，图书馆又关了。现在想起来真不容易，很羡慕你们现在有这么好的一个读书环境，我有很多时间都浪费了，所以大家千万不要浪费时间。

1976年我把这本书拿出来翻，当时唐山发生大地震，天津被波及，大家都住地震棚，没有电，工厂、学校就自己发电，一会儿亮一会儿暗。我就在地震棚里翻译书，我还记得有好几页纸都滴上蜡油了。当时也没有想到自己的译著能出版，英文看是看懂了，但是翻译时确实理解程度大不一样的，翻译时就逼着自己深入思考，想各种可能性，找出逻辑上的关系，不一定对，但是你起码得有一个解释，这是我翻译书的基本原则。我不敢说自己翻译的东西都是对的，但是起码每一句话我都有一个解释，这是我给自己定的一个标准吧！翻译后我就发愁了，这本书给谁啊？我够不够水平？我当时在天津，天津出版社根本不出，当时我就想到科学普及出版社，一到北京发现科学普及出版社关了，我就想到科学出版社，但是他们能要我这种书吗？左想右想，硬着头皮，我从40多块钱工资里拿出2.9元坐火车来北京，把译稿送到科学出版社（出版社的大门跟北京大学一样也是大红门）。没想到两三个星期以后，这本书的校者吴伯泽先生（他现在故去了，我认为他是中国科普翻译的第一人）给我写了一封亲笔信，说你这本书经过我们研究，觉得修改以后可以达到出版水平，还给我寄了很多《科学年鉴》，我当时觉得比考上北京大学还要高兴，之前我考上北京大学也没有太当回事。可是我在山沟里熬了那么多年，又在地震棚里翻译了那么久，这本书几经反复才有了今天的模样，我才觉得它特别珍贵。从那以后，我真正走上了科普翻译的道路，这本书是一个开头，而且我还认识了吴伯泽等老先生。当时大家几乎没有什么可看的书，在我之前出了阿西莫夫的《自然科学基础知识》，原来是一本，分成了四本出版。当时，出版社正在研究出版一些书，我正好“撞在枪口上”了，正想着书呢，你这就来了。但是我也知道自己的水平不高，因为这本书里牵涉的知识点非常多，比如像《圣经》的故事我根本不懂，不知道怎么回事，查也查不到，当时不太敢问别人，心有余悸，别问起来人家一板脸说“你这搞什么东西”，所以我挺为难。吴先生就说，放心，这点我给你把关。我确实佩服这些老先生，他们的功底比我强多了，我是业余的。跟这些人建立起联系后，我就将翻译一直搞下去了，还有点欲罢不能的意味。后来和很多人就一直合作，到现在我也在翻译一些书，觉得自己这一生没有虚度。

刘兵：谢谢暴先生这段很有特色、很有意思的回忆，我也没有想到，我刚才引起这样一个话题，原本是想简要了解一下相关背景，虽然国内刚出版这本书时我就读到了，但是此书出版前的那段历史我并不是很了解，今天也是第一次听说，我觉得这也是一个“意外”，甚至这个故事将来有可能会被写进中国科普史中，因为这本书特别经典。

我补充一点，暴先生的这段经历，在今天的大学生看来，会觉得很陌生、很奇异，比如那会儿到天津图书馆看书只有两张借书证。我们以前都有过这种经历，图书馆不是随便能进的，是受限制的，更不用说 24 小时开放了。我读研究生的时候是 20 世纪 80 年代初了，那会儿上图书馆也没有现在这样方便，当时我从南城骑车到位于中关村的中国科学院图书馆，还有北京图书馆，也就是现在的国家图书馆，查一大堆卡片，填一个借读条，然后递进去三个，开始等，一会儿出来说：有两本没有找到，一本你借吗？这一上午就没了，而且只能在那里翻，不能将书拿走，还得有借书证这类证件的许可，都是很难的。所以，那时跟大家现在的读书环境非常不一样。

吴伯泽先生对这本书做了校订，作为编辑他做出了很大的贡献。

这本书的原作者是一位俄裔美籍物理学家，他写过不少书，都挺有特色。比如另外一本书叫《物理世界奇遇记》，中文版也是科学出版社出版的，就是吴伯泽先生翻译的，是一本非常难得、很好看的书，在今天仍然具有相当的可读性。

我当时在大学刚选择读物理的时候，这个物理到底怎么样，我也是稀里糊涂的，那时候看到这样的作品，读到这本书，而且有这样好的翻译，改变了我在那个时期对物理学的理解，原来物理是这样的有趣，不像做习题那样枯燥。我当时曾有种冲动的想法，觉得也许将来读完大学要做一个编辑，出版更多这样好看的书，但是后来非常遗憾没有从事这个职业。尽管后来一直在大学里教书，但我还是尽量靠近这个职业，参与了一些出版工作。在这个过程中，又跟暴先生、吴先生打了很多交道。

我们再回过来，暴先生，现在又过了 40 年，现在上图书馆不用借书证了，我们可以看更多的书了，视野也更开阔了，人生的经历也丰富了，经过这段时间回过头再看这个书，您还有什么新的评价？

暴永宁：我在这本书某一版的译序里说了一句话，一本书好在哪？大家有不同的见解，有的说好在非常深，难懂，这是有水平的；有的说看了以后还想再看，说得比较泛了。后来大家得到一个比较普遍的说法，真正的好书是越读越薄的。大伙儿看到开头一笑，觉得这怎么可能，但是后来就越来越觉得有道理，因为这本书读了多少遍以后你吃透了这个逻辑，这个线索一拎起来一串就出来了。从这点来说，《从一到无穷大》确实就有这个特点，别看它什么都谈，宇宙也谈，基本粒子也谈，数学也谈，海阔天空，但是都有内在的逻辑。这本书看完了以后过几天再来看，看到前面那个就能想到后面说的是什么，这本书就真正“读薄”了。

我觉得科普书有两大类，一类是以阿西莫夫为代表的，他的书很好，但是他的书就不能“读薄”了，因为他讲了很多知识，说得非常透彻，很通俗，但那不是他自己的研究成果，所以没有内在的逻辑性。《从一到无穷大》有逻辑性，有推理，涉及知识面特别广。我在国外待过一些年，觉得国内外教育有很大的不同。你看《从一到无穷大》这本书，作者的知识面太宽了，我想这个知识面，一个是他自己努力的结果，再一个是他受教育的结果。他在俄国长大，俄国有浓厚的文学氛围，出了多少作家和诗人啊！有这种基础，才能触类旁通，我觉得触类旁通很重要。如果有这种条件，特别是清华大学也有文科、艺术科了，我觉得应该多利用这些条件。当时在北京大学，我偷着上中文课、古典汉语课。以前清华是工科院校，现在几乎什么科都有了，有可能就多去听一听其他学科的课，有时候你真不知道自己将来能在哪个领域走通。当然有些人，比如小提琴家，我忘了是斯特恩还是海菲茨，小时候喜欢拉小提琴，他母亲带着他去见一位教授，他就给那位教授拉小提琴，教授觉得他拉得太好了，太喜欢他了，觉得他是个天才，就过来抱这个孩子。结果这个孩子拿胳膊肘一推，说道：你别妨碍我拉琴。这是天才。但是这种天才比较少，而且说实话，如果他没有碰到这个恩师，可能到死人家也不知道他是拉小提琴的天才。陈景润就是一个例子，他教书时学生不听他的，那是20世纪50年代，结果学校把他解雇了，他穷得没饭吃了，在街上摆摊卖旧书，华罗庚看到了他，想方设法把他弄到数学机构去，这才有了“1+2”，这种人是有，但是说实在的概率不太大。

另外一种人就适合面比较大，什么都感兴趣，不知道哪条路就走通了，我觉得这个概率还是比较大的。

刘兵：虽然前面跟暴先生也有很多合作，但是这样一种方式的交流今天还是第一次，我发现很有意思。您当年在物理系念书，听王力的古代汉语，当时我也挺“不务正业”的，我记得在北京大学听了几门课，我说的听课不是“蹭”一次课，而是从头到尾听。有叶朗讲的中国古典小说美学，谢冕讲的中国当代新诗，张世英讲的黑格尔《小逻辑》，哲学系的、中文系的课都听。当时我觉得在北京大学那个情形下，大家有兴趣去听课，那个机会很难得，但是现在要了解这些大人物只能看他们的书了。可能跟这种经历也有关系，后来我转行做科学史了，科学传播、科普研究等成了我的专业方向之一。我在这本书的序里写了一句话，“这是我看过的最好的一本科普书”，我觉得这句话到今天为止差不多还成立。刚才暴先生举了一个阿西莫夫的例子。阿西莫夫是美国非常著名的科普作家，也是一位科幻作家，他还写了很多科幻作品，包括《我，机器人》，阿西莫夫也在他的科幻作品里提到过“机器人学三定律”，后来大家都当成准则式的理论了，包括我们讲恐怖组织基地什么的，基地那个名称就源自阿西莫夫的《基地》小说系列。当然阿西莫夫写了更多的科普著作，他一生写了几百本，他的书影响很大。跟伽莫夫相比，这两个人有什么差别？阿西莫夫是在把别人的知识真正理解，而且比较成功地通俗化普及，像上课一样教给你，让你很容易懂；伽莫夫在做科普的时候本身就有一种创造性，他不是简单地把已有的知识通俗化，即使在写科普表达的时候也可以把高深的知识以一种更有创造性的方式，而不是简单普及的通俗的方式向读者展示出来。我印象很深刻，刚开始读这本书的时候，我的基础知识学得不是特别多，一直特别纠结，比如这本书讲空间，讲拓扑，这是数学，到今天科普里偶尔还有这样一种说法，但是一直没有一位物理学家讲人体的拓扑。今天搞生物的人都知道，我们的人体其实是一个特殊的拓扑结构，你看着是一个整体，其实如果从你的嘴到食道到排泄口来看，这是另一个独立的空间，他甚至可以把这样一个连通的空间设想给反转过来。

暴永宁：这本书里的那些画，如果不是物理学家是画不出来的。

刘兵：他画的是基于对人体生理结构的理解，用拓扑学的方式描述人体生理结构的方式，用物理学家的眼光，再用艺术家的呈现方式表现出来。我当时看得似懂非懂，但是我觉得很有意思。他的知识面确实非常广，好像是信手拈来，他不是人云亦云，不是只把教科书一章一节的一个主题讲得通俗化，他是打破了那个东西。这样一种体现了一个大家、一个有思想的科普作家的创造性的科普写作，我觉得特别难得。在阿西莫夫和伽莫夫之间做比较的话，我肯定会优先选伽莫夫。

不仅这部作品，《物理世界奇遇记》也是一样。伽莫夫似乎在讲一个故事，要介绍一些微观世界的、高速世界的、相对论的、量子世界的东西，这些东西不好讲，他干脆就让一个被称为汤姆金斯先生的迷迷瞪瞪的小伙子爱上了教授的女儿，怎么才能追求到她？这是一位物理学教授，经常到各地做讲座，所以汤姆金斯先生就表现得很积极，跟着理想中的老丈人，去听他的讲座，但又听不懂，每次听讲座必打瞌睡，然后就开始做梦，在梦里把那些微观的世界放大，把高速的运动拉慢。按常规讲述这些东西是很难讲清楚的，因为我们知道宏观的东西在微观世界中不太适用，那些高速的东西也很难想象，伽莫夫把它放在这么一个场景里，又是有趣的东西，又可以在梦里很自由地处理，进行非常形象化的展示，那也是非常有创意的。当然每次讲到最后迷迷糊糊、似懂非懂的时候，讲座完了，他也醒了。

他写这个东西是有自己的创造性的，有大家的思考，而不是简单的“小儿科”的科普，我觉得这是有思想的科普，我不知道您是否同意我这样的感觉。

暴永宁：我觉得伽莫夫能做到这一点和他的经历很有关系，他在尼尔斯·玻尔的哥本哈根学派待了很长时间，玻尔看中了他的才气，他本来在列宁格勒大学，他的才能被玻尔发现了，玻尔出钱把他留下来，他说我简直上了四重天了，就没有回去。玻尔原子大家都知道了，玻尔领导了一批人，跟他们非常亲近，关系非常融洽。20 世纪 30 年代诺贝尔物理学奖有不少都被哥本哈根学派的人拿了，狄拉克这些人都是在他那里，他那里有一个特点，大家在一起海阔天空的什么都聊，其实不光是聊物理，什么都聊，还开玩笑，比如泡利这个人理论非常强，但是手非常笨。

刘兵：物理学有个泡利效应，就是说他不仅自己做什么都这样，甚至于说如果别人做一个实验，他经过这个旁边都会对那个实验产生干扰，所以有时候科学家做一个实验没有做好，就先考虑是不是泡利从这儿路过了。

暴永宁：有这种气氛，比如说牛仔都要在决斗中出枪，为什么好人总是后发先至把对方干掉了，他们都要讨论，这种气氛下，我的无心之说也可能对你就有启发，这点我们也应该考虑。我上研究生的时候，我那几个北大的同学，也有人提过我们也要搞一个讨论班，但是搞了几个星期搞不下去了，不管什么原因吧，我希望咱们这儿能有。有一个电视剧，叫《生活大爆炸》。你看他们几个志同道合的总坐在一起，什么都聊，聊科技，也聊其他的。我觉得真是很不错的方式。

刘兵：暴先生又提到一个有意思的背景，作者伽莫夫的出身跟哥本哈根学派有关系，这又回到物理学史的一个背景，如果你们关心这段科学史的话，比如今天的嘉宾方在庆教授也是研究这段量子物理学史的。这段也跟科学史有关系，玻尔是哥本哈根学派的精神领袖，历史上有很多关于他的记载。举例来说，量子力学特别关心的问题，就是观测者的存在对于结果的影响，包括不确定性原理，都离不开测量和观测者。当时玻尔有一个很有意思的故事，他跟弟子们一块去看西部片，他对这个电影的评论渗透了他对物理学观测类似问题的理解，他说那个西部片很烂，为什么？情节不可信，为什么总是好人先发后至把对方干掉了？为什么美女落难时总出现英雄的牛仔？这些都不可信，他说这些我还都认了，最让我无法相信的是，当这一切发生时，怎么会有一个人拿着摄影机把这个东西拍下来，他评价这个牛仔电影，其实是渗透着物理学的观察。伽莫夫是多才多艺的，比如他自己画漫画，画得非常漂亮。

我认为，这本书写得好，不是因为他的原创性的科学成就，那个是他成就的一个背景、一个标志，更多的是由于他非原创的科学成就的很杂的视野、兴趣。这对于写科普书来说更加重要，因为科普书要求的创新性跟科学成就在一个尖端的问题上，不管是大爆炸还是生物密码，要求是不一样的，我觉得科普书的成功，是因为这些。比如伽莫夫画的漫画很有特色，他的漫画其实在科学史上也可以有一席之地的。苏联有一位大科学家朗道，他的一幅特别著名的漫画，就是伽莫夫画的。朗道就以讲课别人都听不懂而闻名，伽莫夫画的朗道站在那儿，像天使一样闭着眼，后面点着油灯，底下一群人稀里糊涂的，这都是伽莫夫的杰作。

暴永宁：平心而论，像《从一到无穷大》和《物理世界奇遇记》，你们提到的相对论方面，有写得比他好的，但是在整个贯通方面，特别是数学方面，我是太佩服他在这些部分的才能了，一般人做科普都是躲开数学来谈科普，而这本书就谈数学，而且像无穷极数这些东西，我真没看过比他写得再好的了，而且水平差一大截，这点非常令人佩服，后来能出来谈数学的科普好的，华罗庚写过，而且以前出过一套丛书。其他的科普就得躲开数学写，其实数学太重要了，倒不是说数学教你怎么把微积分算出来，现在我可能做不出几道微积分题来了，但是这给了我一套思考的逻辑，我不敢说别的，我的文学根底不强，完全是自学，但是我觉得自己的特长就是逻辑性比较强，这就是数学弄出来的。吉米多维奇题做了一大半，现在做不了，但是逻辑留下来了，青年学子们真应该培养逻辑性。现在有人写的东西，写到后面自己都不知道跑哪儿去了，这是一个遗憾。

刘兵：这个也有人曾经有过类似的总结。这种所谓的逻辑性很强的思维模式、表达模式，其实恰恰可能是一个物理训练的特点之一吧！我们现在看到的这本书的这个版本，后来李言荣院士写的序里有一点可以商榷。他说适合中学生看，我个人觉得，虽然现在中学生比过去更聪明了，这个无可否认，他们比我们那个时代聪明，习题做的也多，恨不得中学就开始做吉米多维奇题了，但是我觉得中学时就看这本书还是有相当的难度的。换句话说，往上移一点，如果是到大学的水准，到大学二三年级再看这本书也许更适合一些，从这个意义上来说，他对这个阶段读者的思维方式的影响也可能更大一些。

换句话说，因为陆续有关于这本书的很多回忆，有很多的反响，包括到今天五六十岁这波人，就是像当年我上大学开始读这本书那样，对这本书有很多的回忆性评价。但是这些人为什么有这么深刻的印象，他们在读这本书时是什么样的水准层次？所以清华大学校长送给大一新生这本书，让他们读这本书，我觉得是很好的，恰恰是这个阶段想法和视角的关联，也体现了今天强调的通识，换句话说，在科学各个交叉学科之内打通的意识。

暴永宁：中学生当然也可以看，但是看的层次不一样。

刘兵：咱们今天聊了不少这本书了，我再补充一点，如果找一些跟伽莫夫类似的作家，比如我可能会想到费曼，但是遗憾的是二人还是有点差别，费曼除了他那两本自传以外没怎么写科普，或者说他写的科普太高端了，要看《费曼物理学讲义》，上大学物理课都是挑战性的课程，但是那种创造性思维有点像。

暴永宁：苏联的别莱利曼，他写得有点像《十万个为什么》，但是他叙述的我挺喜欢，还有《物理学之“道”》。

刘兵：你讲到这个就属于另类的物理学科普，除了《物理学之“道”》，还有《物理之舞》。

暴永宁：还有《飞行马戏团》我觉得还是可以的，但是好像都跟这个不完全等量齐观。

刘兵：所以这本书在科普史上占有很难逾越的、很经典的地位。你翻译这本书就更是仔细阅读的过程了，这个过程对您自己有什么影响？因为那时候您也还年轻，现在已经年事很高了。

暴永宁：76 岁。

刘兵：有没有可分享的，读了这样的书，对您有什么意义或者改变？

暴永宁：当时想法很多了。印象最深的是，我急于把这本书介绍给我的学生，让他们来看。有几个学生看了以后决定要学物理，我跟他们说别学物理，你去学工科，确实他们也都去学了工科，有几个学得还不错。理论这个东西真得从小有这么一个基础，我看了这个书以后，当时就是想要让学生和朋友都喜欢科学，我自己也喜欢科学，后来等于学文了吧，但是弄了这本书以后我自己弄清了很多东西，特别是对物理和数学，甚至生物学，我特别佩服伽莫夫对生物学内容的叙述。实际上他要是能得诺贝尔奖很可能不是得物理学奖，而是得生理学或医学奖，因为他那个密码理论就等于现在的遗传密码。我认识到，物理和其他东西，包括数学，整个物理世界是贯通的，我自己通过将这本书“读薄”，把其他很多书也“读薄”了。上大学时记了很多笔记，到后来看起来真的有大概 1/3 就够了，没有必要记那么多，但是当时没有掌握那么多东西。

刘兵：我觉得这个也不一定，有时候事后看，举例来说，一顿饭吃三个馒头，不能说头两个白吃了，这个过程还是必要的。有些东西你读了以后对你思维的想法上的影响可能是潜移默化的，但你还是可以感觉到它是有形的烙印，记忆的影响跟更加无形的、更加潜移默化的影响比起来，可能后者的意义更大、更深刻一些。

刘兵：今天很多人来这儿，对这本书、对作者还是有兴趣的，我觉得让他们交流提问吧！

主持人：非常感谢两位嘉宾的对谈。两位嘉宾讨论中间都分别提到本书作者伽莫夫怎样触类旁通和通识教育的重要性，我们听了特别高兴，因为清华大学国家大学生文化素质基地就是负责清华大学通识教育的，刚才两位校友都回忆了在北京大学怎么“偷偷摸摸”上王力先生的课。

刘兵：不是偷偷摸摸，我当时为了上张世英的“小逻辑”，逃了一门专业必修课“固体物理学”，“固体物理学”我完全是自修后去考试的，这个不是偷偷摸摸的。

主持人：至少是旁听的。在清华大学正好相反，对所有本科生来讲，文化素质课不修满 13 学分就没法毕业。在清华大学，不会游泳也不能毕业，所以两位北大校友的孙子辈考大学时可以考虑一下清华大学。我们今天这个机会非常难得，所以还是把更多的时间留给现场的嘉宾，先看哪位同学或者老师有问题。

提问 1：刘兵教授您好！您刚才提到伽莫夫有可以把不同知识串联起来的非常神奇的能力，还能把这个表达出去，可以让别人感受到这种串联。如果想要自己建立这种串联并表达的话，怎样培养这样的能力？

刘兵：这个问题很具体，恰恰是应该展开来说的，也是我一直对类似这种书推荐所关注的。我觉得所谓创新，现在有一些误区，个人观点仅供参考。我们以往过于注重方法论，好像一讲创造就有一个路径依赖，比如说写一个课题报告，你要写研究的路径，搞什么思维导图；比如一些同学听人文类的课，被过去训练的专业化不感兴趣，但是一听方法论就感兴趣了。其实我觉得这是一种幻觉，创造性之所以难和有意义，就在于它没有一套标准的程序化的方法可以依赖。但是有更宽泛的东西，换句话说，这种创造性是在各种可能性之中实现的，不是人人顺着这个路径都能创造出来的，有偶然性、有可能性，但是大致是这个方向，比如刚才讲的通识。

讲到伽莫夫我补充一下，其实伽莫夫还有一本自传，很有意思，很重要。通过书名都能感觉到他思维上的蛛丝马迹，他是物理学家，他的自传用了一个物理概念，叫作“世界线”。他用“我的世界线”作为自传的名字，很贴切，因为每个人的世界线都是独一无二的，他恰恰用这样的概念串起来，来描述他自己的东西，这都是有象征意味的。换句话说，可能你有意识地不把自己的视野局限在特别狭窄的范围，你尝试着总是在关联的网络中进行思考，为什么我们强调通识？通识就是给你铺垫一个更宽阔的视野、一个网络、一个基础，没有这个基础，你就只能在很窄的尖里钻来钻去，那非常有限。

伽莫夫的成就是一流，你看这本书好看，但是这本书并没有真正突出讲他自己最一流的、直接的贡献，他是有了这样一个视野去思考其他的东西，在科普的意义上也给出一个像他在科研意义上的创造。我觉得这是一个很思维模式化的、有特点的东西。我有时候上课会举一个例子，我们说以往人要有创造性，什么叫规则？大家看金庸的小说，很好看，但是金庸的小说不是按照惯常的规则写的。按照惯常的规则，武林高手一定是练到白胡子老头才能积累起内功，但是那样的话，没有年轻的主人公谈恋爱争风吃醋的剧情，就不好看了，年轻人看小说得需要这样的，他又得是武林高手，怎么办？这些人都得有异常的奇遇，要不然掉哪个坑里，要不然让谁灌了一肚子内力，要不然找到秘籍，其实这是一种取巧的想法，在小说里可以。现实中，如果我们想在学习方法上找到一个诀窍马上怎么样，实际上恰恰现实中没有这种诀窍和方法，要是练武功奔着金庸小说的套路，逮着坑就往里跳，那么即使摔死了，秘籍也没有找到。但是可能有的方式，就是大家经验的积累，就是更广的视野打通，我觉得通识教育本身就是跨学科的。因为本来自然界没有学科，伽莫夫写这本书也是，有物理学、化学、生物学，你看图书馆外面有棵树，哪个学科都不是，但是物理学家从物理学的视角研究，化学家从化学的视角研究，对象都是那棵树，伽莫夫为什么能够打通？他打破了过去人们习惯的权宜性的学科壁垒的意识，这种模式可能恰恰跟你说的想法的追求有一定的关联。

暴永宁：前几年流行过一套叫“科学学”，现在好像大家对这个都不太感兴趣了，因为你要真正研究科学往往都是别人没有做过的，要别人做过的你可能是个好老师，但未必是科学家。

提问 2：我有两个问题，第一个问题问暴老师，国内引进版的科普图书数量越来越多，规模越来越大，翻译质量是非常重要的，您作为科普图书的译者，对有志于从事这方面的人有什么意见或者建议？

第二个问题是问刘老师的，现在引进版的科普图书越来越多，某种程度上意味着国内原创科普图书乏力，而且今年全国两会上有代表给全国人大提议呼吁我们重视原创科普图书的创作。他去调查的时候说，原创科普乏力有很大一部分归结于高校并不把这个作为教师的课题成果，不作为考核的目标，也跟翻译的稿费过低有关。您能否从扶持原创科普图书创作的角度谈一谈自己的看法？

暴永宁：我先谈谈我的几点看法。现在翻译的书比以前多了，但是我的感觉是良莠不齐，我回国后很多的时间都去图书馆看，觉得很多书看几页就看不下去了，特别是翻译书。我不知道大家的情况怎么样，也可能是因为我出国的时间比较长，语言有点脱节了，看现代语言什么"卖萌"之类的我都不懂。这可能也是一个原因。但另一个原因，是不是也源于大家急功近利？出版社要出好书，但是出版社要盈利、要生存。现在很多人抱怨稿费太低，所以我就只好快点，"萝卜快了不洗泥"。现在完全靠写作或翻译生存的人恐怕不太多，我问了几个人都是业余在搞，什么原因？不说自明。我觉得出版社要以书养书，做一些普通书，但是有市场效应，我拿这个钱不是完全为了发工资、奖金，我还要出几本好书，这个现在恐怕是比较现实能够解决的办法。不是说提高稿费，提高稿费也可能只是一部分人能够好，也未必每个人都这样，因为现在有这个心态，养廉人，银子发了他还不廉。出版社比较现实的就是以书养书，也许能够行。另一方面要加强宣传，起码物质上满足不了精神上也要满足。当时译《艺术与物理学》这本书时我在加拿大，找到吴伯泽先生翻译，他年纪大，翻译速度比较慢，他说我推荐一个人，就推荐的我。当时出版社说他在加拿大还能翻译这个书吗？言下之意就是这边钱给的太少，加拿大那边工资比较高。

吴先生说，我估计他能回来翻译。我扪心自问，因为我当时已经不愁经济了，孩子也工作了，有收入了，我就回来了，而且回来这边我还做外交工作，也有收入，虽然没有加拿大高，但是我已经无所谓了，没有后顾之忧了，不像你们又要养房子，还得留钱看病，还有教育问题。

我译那本书挺吃苦的，特别是地震棚里点着蜡烛，除了这种感情别的都是其次。但先决条件是我不靠它养活自己，如果真靠这个吃饭恐怕我也不干了，因为活不下去了怎么干？这是一个系统工程，涉及国家政策等，再有就是译者自己的意识。

刘兵：您刚才讲这个让我又想起来了，其实是多种因素，包括译者的情怀，包括您讲的地震棚，让我想起我的导师的译作《爱因斯坦文集》，就是他当年在农村的油灯下译出来的，三卷本。

我倒是想给暴先生提个问题，我从另外一个角度说一下翻译的水准，不考虑经济的和其他的因素，只是从翻译的背景、能力、技巧来说。第一跟人才培养有关，就是跟人才的通识性、打通的那种欠缺关系很大。换句话说，翻译这个有科学的东西，你就得了解科学的东西，还有外语问题，其实翻译是很复杂的事情。我们现在有时候组织策划，找译者，至少找我心目中理想的译者特难。但是你看今天培养了多少外语人才，为什么那些专业学外语的人译出来的并不理想，我觉得一个原因是他们中文不好。跟联合国现场的同声传译不一样，你不懂这个问题，你有这个兴趣可以查阅各种材料，这个问题就有可能解决，但是即使解决了，你能不能用地道的、准确的、合理的中文表达出来，这跟你译本的好坏质量关系很大，而现在大量学外语的人中文不行，光懂外语没用。

第二个你刚才说的问题，我略微唱点儿反调，我有不同的说法。确实我们引进的东西很多，原创很弱，我同意，原创为什么弱？也跟我们的通识教育、专业化背景等有关。应该改进，但是怎么改进？比如刚才说用政策性文件要求科研人员必须做什么，我对这个事儿略有不同的说法。我觉得科研人员可以不写科普，为什么？他不是那个专业，写也写不好，应该强调的是建立专业化的科普创作的训练，而不是强行让科研人员以业余的身份被迫地去写。院士该不该写科普？当然，你有社会责任承担，又有能力写得很好，但是没有那个能力，你非让他写，写出来不好看，他难受你也难受，出版社又赔钱，干吗啊？国外有个职业是科普作家，我们这儿没有这个职业，这些人才是真正能写好科普的人，其实从这个意义上来说，伽莫夫是个例外，你看国外的顶级大科学家也不是人人都写科普，他们没有要求所有的大科学家都写科普。所以，我对强行要求科研人员必须写科普这个事儿，无论从操作上还是效果上都有一点质疑。

提问3：我没有具体的问题。两位老师讲的我很喜欢，所以我就想讲一下我现在印象比较深刻的想法，两位可以就我的想法提出任何的疑问或者你们的见解。

首先比较感动的是暴先生做翻译的初衷是想把这个传递给学生，自己懂了有很想传递下去的心，开始了这个事业，初心和后面所做事情的结果最起码自己心里很满足。因为两位老师刚才讲到了伽莫夫，我的理解是，他可以把自己理解的科普在写作过程中又创作了一遍，这是和阿西莫夫不同的地方。他可能懂的很多，刚好都有接触，所以在融汇的过程中，他把自己的思路创造了一遍，这个写作过程是他再开发自己的过程，我觉得这是他和其他作家不一样的地方。

刘兵：我觉得你表达得挺清楚的。

提问4：我记得一位老师以前给了一个建议，如果你想做翻译最好不要去学英语专业，他说你学其他专业，他指的是要了解更多其他专业的知识然后做翻译会做得更好。刘老师讲到让科研人员写科普文章，我以前没有想到这点，我突然察觉到原来大家都有科普的需要，非得让人去写是一回事，他不是自己愿意去做的。我觉得如果他自己有这种想法，或者是他学识到了，或者在中国的体制下大家不是专门研究一点，各方面都涉猎，这个科普书会写得更好看。两位老师有想法吗？

暴永宁：我这说的未必跟你的完全合拍。一个人要尽量多接触，现在这个条件是有的，但是还得舍得放下。我刚上大学时吃过这个苦，因为一进大学一个个都挺厉害，有一个广州来的，能下盲棋，就是走路车几进几啊，我说真不错，就拿着几个棋谱看。另外一个人讲军事，讲得头头是道，我不懂啊，也去图书馆借这些来看。结果另外的一个人，高考成绩大概是全国第二名吧，来两个星期了我都不知道他长什么样，为什么？天没亮人家就念书去了，晚上十点熄灯，熄灯以后才回来，我想我也得这样，结果累得够呛。后来我发现不行，这么搞下去不行，放下，舍得放下，然后觉得这个东西我喜欢，而且确实有一定的天赋，还得讲有天赋的，然后这条路我就走下去，当然我最后走得不对，后来在“文化大革命”期间把那本英语辞典看下来了。现在条件好了，多去学，什么课都听，清华那么好的条件，再有就是不要什么都学，不可能的，就是得放得下。

再有写作跟翻译有很大的区别，当然都需要下苦功夫，写作难得有一个思维能捕捉到好的题材，别的人没有想到，或者想得没有那么深，这是作家的特点。翻译是一定要坐得住，有知识面，而且要会查资料，比如小说，老舍就写北京人，写上海人肯定写得不像样，上海人就是王安忆这些人来写适合。但是翻译不可能什么都做得到，这边来段《圣经》，那边来个莎士比亚，你不可能都知道这个知识，真得坐得住。作家可以没事儿到公园去坐坐，到茶馆去坐坐，不是去喝茶，而是去找素材，但是翻译坐茶馆未必能坐得出来，你得知道自己的特点，一旦认准了就别后悔了。

刘兵：你前面先讲了钦佩暴先生的动机，跟学生分享这样一个好的东西。我觉得分享这个事儿可以是很高尚的，也可以是很正常人的心态。比如你发朋友圈也是一种分享，但是这种分享你也有获益，你得到几句赞扬，吐槽几句，刷一刷存在感，别人也看到一些信息。人无远虑必有近忧，人的目标不是光放长线只钓一条鱼，只有一个远期的莫名其妙的目标，其实具体为了达到那个目标，人们还是要生存的，还是要有近期的现实的东西，这里关键是一个人处理的妥协度和分寸在哪里。如果把全部赌注都押在近期没有远期的，那么即使有了近期的选择也不长远，但是光有虚无缥缈的远期的东西，你还没到远期就饿死了，我觉得这不矛盾。但不是说只有一种模式，只是一根筋，要不然全部功利，要不然全部不功利。通识不等于无限，我们的精力和时间不能把所有的书都读了，在图书馆博览群书，清华大学图书馆里的书你能读百分之几，一辈子只读书也读不了多少，因为书太多，知识太多，但是在这里也有选择和搭配。但是这并不意味着我只钻一个牛角尖，还是一个妥协和调整。最重要的是，当你看这本书看那本书，我觉得现在的一个目的是，我们因为生存和工作需要看书的动机没有问题，我们缺的是非功利阅读的时间和投入。对一个读书人来说最幸福的，应该是不为了什么，我只为了高兴，我看见这个好事儿，我不是拿这个卖钱、发文章、交课题，我只是读着高兴，这样的阅读其实是对心灵的滋养。休闲是为了什么？是舒服、是调整，当然把休闲拿去工作不是可以做更多工作吗？那是另外一件事了。但是这种非功利阅读的时间越来越少，这是整个大环境，也是现代化让生活节奏更加快的弊端。包括读伽莫夫这本书能不能当成非功利性阅读，不是为了学习科学精神、科学方法、科学知识，我只是为了享受那样一个大家创造性的启发，一种奇特、一种美感或者一种什么，这样读也许是一种更好的阅读状态。

暴永宁：即使是这样，也是凡有所学皆成性格，但不是一朝一夕就成了性格的。

主持人：再次感谢两位嘉宾的精彩分享，我们今天的讨论不仅是深入分享了《从一到无穷大》这本书，而且两位嘉宾花了非常多的时间讨论通识教育。我个人觉得他们对通识教育理解之深和讲得之好超过我这个常务副主任，尤其是刘兵主任，可以考虑把他作为我的接班人培养。当然两位嘉宾更重要的身份，就是他们是为中国科普事业做出了重要贡献的两位学者：暴先生做了大量的翻译工作，刘兵教授本人进行了大量创作，他也是中国科协-清华大学科学技术传播与普及研究中心主任，在这里我们再次以掌声向两位科普工作者表示敬意。

我们今天的沙龙到此结束，谢谢大家！

四、科学教育

科学教育，在最一般的理解中，包括了在学校等场合进行的“正规”科学教育，和在学校之外的社会上进行的“非正规”科学教育，后者经常指的就是科普。但在这两者之间，又存在着密切的关联，而且两者彼此影响。只有关注对方更先进的理念和方法，彼此借鉴和合作，才能真正将两者的优势发挥出来，在各自的领域中取得最好的效果，达到科学教育的最终目标，即提升科学素养。

科学文化、科学教育与科学素养①

近些年来，社会上关于科学文化的讨论越来越多，关于科学教育的研究也越来越多，而对科学素养的关注则更是成为新的热点。这种情形的出现，与人们越来越关心科学、科学教育和科学传播有关，也与在现实中这些领域中存在着诸多并不令人满意的问题有关。

自新中国成立后，科学教育曾经历了多次的改革，人们对于科学教育的理解也越来越深入，但科学教育又是一个非常复杂的领域，涉及诸多方面的问题。从国际范围来看，20世纪以来，科学教育的观念也在不断更新、发展，并在某种程度上也影响了国内的教育改革。其中一个突出的特点，就是从传统只注重对科学知识的传授，发展到在以科学知识为载体的教学中力图达到使受众了解科学的本质和培养其科学素养的更加全面的教学目标。

在《物理文化与物理教学》这本书中，作者选取了科学教育中的物理学作为专门的对象。正如在书名中所表达的，该书实际上主要涉及两部分内容，一是对物理文化的详细分析和讨论，二是在作者对物理文化的研究的基础上，从物理文化的视角对国内物理教学问题进行分析，并提出了许多作者独特的见解和建议。

就前一部分内容来说，其实要真正说清何为物理文化，是非常有挑战性和争议性的尝试。现在文化的概念被越用越泛化，连对文化的最基本定义人们也还都远远没有达成一致的看法。再具体到科学文化，

---

① 此文系为薛永红、王洪鹏著的《物理文化与物理教学》（山东科学技术出版社，2018）一书所写之序言，收入本书时内容略有调整。

乃至物理文化，各种不同的观点也同样在彼此间存在着不小的分歧，而且真正对之进行专门学术研究的严肃工作也并不是很多。此书作者对此采取的策略是，除了参考少数直接讨论有争议的物理文化问题的著作之外，更广泛地关注国内外在科学哲学和科学史等领域中的相关研究成果，并借鉴，尽可能地将可用部分移植到作者所定义的物理文化中。这样的工作，虽然仍有争议，不算定论，但作为一家之言，对人们的思考还是很有启发意义的。

就第二部分内容来说，或许更能体现作者研究物理文化问题的目标，即将这一概念与对物理教学的研究相结合。通过对我国历年来的课程标准的目标、内容和教学观念等进行分析和比较，作者提出了自己对于物理课程的独特理解："物理课程就是以传播物理文化和借助其过程培养学生科学素养为目的的课程，物理课程本身也是物理教师和学生共同建构的一种特殊的意义网络（是教师和学生共同建构和真实体验到的），也即是一种文化"，并提出了"文化性物理课程的教学设计"。当然，这种设计确实是一种非常有想法的大胆尝试，也确实体现出将哲学、历史、文化等多种人文领域内容与物理教学相渗透或者说相结合的倾向。这些设想，要马上在现实的教学中完全实现显然可能性不大，但对于帮助人们从另一个角度去思考未来物理教学的改革，却提供了可拓展的空间维度。

略微有些遗憾的是，作者对国内物理教学课程标准的分析，最多只延续到 2003 年的版本。最新颁布的 2017 年版的普通高中物理课程标准，比以前的版本在理念上有了较大的变化，最重要的，是新的课程标准提出了以"学科核心素养"为中心的教学理念。不过，任何新理念都不是凭空产生的，作者在此书中讨论了很多的观念，在不同程度上也还是与目前新提出的核心素养有着关联，尤其是在科学与人文相结合的意义上。这也可以说是该书的参考价值之一吧。

科学教育的新标准①

提问 1：请您谈谈科学与基础教育的关联。

作为学术研究，可能就是前沿的这种研究，科学哲学，甚至连带的这些学科，包括科学史和 STS，是离普通人比较远的。其实就像科学一样，科学最前沿的东西，其实对于普通人也并不是那么近。但是适度地掌握一些科学前沿的基本观念，利用一些学术的研究成果，在科学教育中，对于科学教育的发展和变化都是有意义的，而且是必需的。

提问 2：近来教育部“新课标”的新变化是什么？

确实是有一些变化，比如过去教学要达到的三维目标，就是知识与技能、过程与方法、情感态度与价值观。其实在这些方面已经呈现一些观念的变化。但由于教材编写者及进行教学实践的基层教师缺乏对包括像科学哲学、STS 等领域的有关背景的了解，因此在实现三维目标和进行实际教学的过程中就会有很多的困惑，也做得不是很理想。在最近新一轮课程标准修订中，是要把对学生的学科核心素养的培养放在最重要的位置。也就是说，要理解一些基本的问题，如我们为什么要学？通过这些课程给学生设定的目标是什么？其实知识总是会忘的，总是会变化的，不会伴随你终生。但是我们通过学习知识——其实是把学习知识作为一个抓手——是要通过这个过程让学生获得一个稳定的东西，是要培养一些核心素养。这也包括对观念的把握，比如

① 此文系根据 2019 年 8 月接受辛庄师范网络学院采访时的录音整理而成。

说物理学的观念。又比如说社会责任、社会的伦理、对科学本质的理解等，都不是只靠学到了具体的科学知识就能够支撑起来的，而是要有更多的关于科学的、哲学的、社会的、文化的等各方面的理解。

提问 3：从课标要求到教学实践有多远？

从根本上说，这些理念呈现在课程标准里，有很积极的意义，也是很重要的变化。但是由于种种原因，课程标准只是一个最上位的文件，这种精神要体现在教学实践里还需要通过很多层的转化。比如说在编写教材时，教材的编写者是否能够特别好地理解和呈现这些观点？这是一个问题。另外利用教材进行基层教学，也就是教学实践时，教师能够理解、把握多少教材里头对最基本的培养核心素养的要求？这又是一个问题。还有外在的其他一些因素，比如说只是要应试，在学校的教学、领导的政绩和家长的期望中，都是要学生考出好成绩，于是只是不断地“刷题”。但这显然并不是对于学习科学有益的方式，而只是为了对付考试的模式，那造成影响就更大了。当然，在理想的教育里，像素养这样的东西，其实不是不能考，但也不是很好考的：不像具体的技术性的问题可以通过解几道题那样简单地考核出来。所以是多方面的因素造成了我们的教育的现状不够理想。

从学校的整体发展来说，要做这些也是有代价的。往往被重点培育的都是那些在目录上的、有标准化要求的重点学科，而一些有交叉性的研究领域就会遇到发展困难的问题，也有萎缩的倾向。总之，是多方面的因素造成了这些问题。当然，这是需要改进的。如果这些问题不解决，从科学教育这一个落到最实处的发展来说，你就不可能有一个根本性的变化。

提问 4：科学和人文如何平衡？

这实际上也有很多的争议，比如说过去海南出版社出过一本关于第三种文化的书。其实我并不太认可那位西方人写的那本书。为什么呢？因为他讲的那个所谓第三种文化，貌似是想把两种文化（即科学文化和人文文化）结合起来，但其实它的重点和重心还是在科学文化那边，并不是一个真正理想的平衡。再讲到中国传统，这是另一个方面。我们今天的社会受到科学的影响是巨大的。如何平衡它们之间的关系？有时人们对于中国传统文化的传承和理解也有问题。我们今天讲科学，如果站在 STS 的立场上来看，近现代西方的科学传统，也只是科学定义中的一种。如果采取多元的科学观，其他很多地方性知识的东西，包括中医在内，构成了很复杂的关系。如果我们对这件事情有更好的理解和把握，掌握它们之间的关系，对我们理解和弘扬传统文化，甚至对于传统文化自身在科学中的合法性，都是很重要的。中西医之争一直是社会上争论的焦点。争论的焦点的背后就包括对于科学本身的认识，包括对于西方科学的认识，也包括对于西方科学之外其他我们有时候也称之为科学的这样一些知识系统的认识，比如它们之间的异同、它们之间的关系，也包括判断谁对谁错时按照什么标准，是只有一个标准还是有多重标准？这些其实都离不开我们所说的科学、哲学和文化的理论。

提问 5：不同观点的交锋是很好的教育方式吗？

这是一个好办法！教育的目标并不只是教给学生一种观点，更重要的是让学生理解这个世界上有不同的观点并存，甚至让学生在学习和思考的过程中，不仅对自己所喜欢的一些观点有理解，而且对自己不喜欢那些观点，也能理解其自身的逻辑是什么，其道理是什么？在了解了那些你不喜欢的观点背后的道理之后再做判断，就可以更深刻地、更好地把握你自己的观点，知道你为什么会坚持自己的观点。以这样的方式来学习，来进行不同观点的交锋，是一种很好的教育和交流方法。

对物理新课标中STSE的理解之一例：关于能源与环境[①]

在《普通高中物理课程标准（2017年版）》中，对于核心素养的强调成了最为重要的主线。而在此课程标准中明确规定将学科核心素养作为培养目标，包括“物理观念”“科学思维”“科学探究”及“科学态度与责任”四个方面。如何将对于这些学科核心素养的培养贯彻落实到实际的物理课程教学中，就成为物理教师所要面对的新问题和新挑战。

过去，在上一轮以“三维目标”来作为统领的课程标准中，由于我国长期以来在教师培训等方面存在问题，造成教师在知识结构方面的欠缺，使得围绕“情感态度与价值观”这一目标的教学经常面临许多困难，如不知如何教授、不知应该教什么、不知如何将这一目标体现在对物理知识的教学中，乃至将此目标放弃，没有理想地达到这一教学目标。现在，面对新的课程标准及其中对核心素养的培养要求，尤其是涉及像STSE（科学·技术·社会·环境）的要求，也存在类似的问题和困难。这就要求教师应该真正重视核心素养的培养目标，努力补上在知识结构方面的欠缺，改变应试教育的教学习惯，更深入、全面地体会和理解课程标准的要求、其内在联系，以及背后的寓意，并将这种新的理解体现和落实在教学中。

这里，我们将以涉及能源与环境问题的内容作为示例来进行一些

---

① 此文原刊于2018年第11期《物理教学探讨》杂志，收入本书时内容略有调整。

分析和讨论。

结合所要讨论的主题，我们可以先看看在课程结构中要求涉及能源部分的具体内容。

在新课程标准“必修 3”的“3.4 能源与可持续发展”这一节中，要求“了解利用水能、风能、太阳能和核能的方式。”“了解可再生能源和不可再生能源的分类，认识能源的过度开发和利用对环境的影响。”“认识环境污染的危害，了解科学·技术·社会·环境协调发展的重要性，具有环境保护的意识和行为。”

需要注意的是，描述这些要求的文字应该细读、仔细分析。一种传统的解读的方式是，要了解可再生能源和不可再生能源的分类，因为不可再生能源是有限的，所以为了保护环境和可持续发展，就应该避免过度开发和利用不可再生能源。言外之意，即对可再生能源，可以更多地开发和利用，以满足发展的需求。像这样的理解是很常见的，但这种理解只是部分地正确。我们确实应该尽量减少开发和利用不可再生能源，问题在于，如何看待对可再生能源的开发，是否就可以无节制地开发利用呢？实际上，课标在谈到可再生能源与不可再生能源的分类之后说，“认识能源的过度开发和利用对环境的影响”，并不是说“认识不可再生能源的过度开发和利用对环境的影响”！这种在理解上的细节的差别是非常重要的，而且，也涉及对物理学知识的学习和理解。

在新课程标准的“选择性必修 3”中的“3.2 热力学定律”部分，是有着伏笔的。这里要求“通过自然界中宏观过程的方向性，了解热力学第二定律”。并在“活动建议（1）”中，建议“基于对热力学定律的认识，结合可持续发展的观念，讨论人类合理开发和利用能源的问题”。为什么会有这样的活动建议呢？它意味着什么？什么才是“合理开发和利用”？

作为物理学的基础性内容，人们知道，按照热力学第二定律，当人们利用能源时，必然会对环境产生影响，而要消除这些影响，又需要额外的能量。结合现实的生活，我们会感受到随着社会的发展和对更多能量的使用，给周围的环境带来的变化。例如，当更多的人在使用空调，通过消耗更多的能量来享受着室内的温度降低的同时，代价之一是室外周边的温度的上升。更多的空调的使用带来的环境温度的上升，又使得那些原本不用空调的人无法忍受，也只好使用空调，从而又消耗了更多的能量，如此形成一种恶性的循环。即使人们有所节制地尽量少地开发利用不可再生能源，多用可再生能源，对环境的影响也依然存在，并且会随着“发展”的加速而愈演愈烈。

结论是很显然的，除了保护和尽量少开发、利用不可再生能源这一原则之外，按照物理学的规律，只要利用能源，就会给环境带来影响。生活中的空调只是一例，在其他的生活和生产中对能量的利用，也都是如此。因而，课标并不是说“认识不可再生能源的过度开发和利用对环境的影响”，而是说“认识能源的过度开发和利用对环境的影响”。

现在，我们可以再从课程标准中提出的更一般性的要求来看。

新课程标准在课程性质中提出：“物理学对化学、生命科学、地球科学与宇宙科学等自然科学产生了重要影响，推动了材料、能源、环境、信息等科学技术的进步，促进了人类生产生活方式的变革，对人类的思维方式、价值观念等都产生了深远影响，对人类文明和社会进步做出了巨大贡献。”这里讲得是比较笼统的。究竟物理学的发展以什么样的方式改变了人们的认识和理解而带来了这些影响，这是要通过实例来说明，才能真正带给学生有益的理解的。例如，这里提到的“能源”“环境”“生产生活方式”“思维方式”“价值观念”等，都是需要落实到物理学本身、落实到具体的物理学知识和对之的理解之上的。而这里所说的“有益的理解”，正是指课标所要求的“引领学生认识科学的本质以及科学·技术·社会·环境（STSE）的关系，形成科学态度、科学世界观和正确的价值观，为做有社会责任感的公民奠定基础”。新课标这里所提的，不是过去经常说的 STS（科学技术与社会），而是 STSE，是加上了环境这一维度的。这强调了在教育中让学生认识到保护环境、实现社会的可持续发展的重要性，而且又是要与对物理学的学习相结合，涉及“正确的价值观”，涉及公民的“社会责任感”。

讲到学科核心素养的部分，新课标也具体地提到了，在“科学态度与责任”这个学科素养的维度，主要包括科学本质、科学态度、社会责任等要素，涉及“保护环境并推动可持续发展的责任感”。这里明确地将责任与保护环境并推动可持续发展联系起来，而不是空洞、抽象地谈责任。这也与在对学科核心素养的一般要求中所说的“通过学科学习而逐步形成正确的价值观”相一致的。在前述的案例中，恰恰表明了可以通过学科学习，体现在物理学科的核心素养要求的“物理观念”部分的“从物理学视角解释自然现象和解决实际问题”，因而，这种“逐步形成正确的价值观”也是有物理学知识支撑的。

我们应该认识到，由于中学物理教学的阶段性和学时等方面的限制，因此课程标准要求的核心素养还是不够全面的。但在这有限的要求中，保护环境和可持续发展被专门提到，是因为环境问题现在已经是社会发展所面临的非常迫切的需要解决的问题。前面例子所讲的通过学习物理学知识形成的责任感，也完全可以和学生的日常生活行为相联系的。在中学阶段，学生并不具备直接影响可再生能源及不可再生能源的开发、利用的能力和条件，但却可以将这种责任感落实在个人的日常行为中，可以调整生活方式，在生活中尽量减少对能源的消耗，这也正是所谓“绿色生活”的典型特征之一。由此，保护环境并推动可持续发展，就不再是一个抽象的概念，而是可以体现在个人生活中的一种具体的行为方式。

究竟是什么原因影响了我国正规科学教育与科普工作的理想开展？①

焦点：我国正规科学教育与科普工作的开展未能达到理想效果，其深层次原因在于，正规教育在实践中的应试导向和导致应试导向的更深层的综合性社会因素；在政府主导的科普工作中以意识形态影响下的政绩作为主要动力，以及相应的工作方式和评价标准。

科学教育，包括正规教育与非正规教育。所谓正规教育，是指在学校进行的系统、规范、制度化的教育，其中，科学教育是重要的内容，像学生在小学和中学阶段对数学、物理、化学、生物等学科的学习均属此类。而非正规教育，则指在学校之外的社会性的各种教育，包括学生在学校之外的学习，也包括学生毕业后在社会上接受的各种教育，其中的科学部分大致相当于我们通常所说的科普。

现实情况是，当前的正规教育（当然也包括其中的科学教育）存在很多的问题，社会上不乏批评的声音，与此同时，科普工作开展的现状也同样不能令人满意。从各种类型的科普的效果和受公众欢迎的程度来看，也都存在严重的问题。但导致这两类科学教育开展之不理想的主要的深层原因，还是有一些区别的。

先说正规教育。其实，如果我们回顾近十多年来的教育改革，就会发现一个有意思的现实，即从正规教育中的顶层设计——课程标准

① 此文原刊于2015年第3期《科学与社会》杂志，收入本书时内容略有调整。

的观念来看，无论是第一轮新课标中提出的“三维目标”（知识与技能、过程与方法、情感态度与价值观），还是目前课标修订中被强调的“核心素养”（虽然后者的准确界定还有待讨论），以及在这些目标之下要求的对科学的理解，都在相当的程度上引进、吸收了许多国际上较新的看待科学的理念。例如，关于“科学的本质”，曾有国外学者从八种国际基础科学教育的标准文献中总结出了对于科学的本质的一些一致性看法，其中就包括：科学知识是多元的，具有暂时性特征；科学知识在很大程度上依赖于观察、实验证据、理性的论据和怀疑，但又不完全依赖于这些东西；通向科学没有唯一的道路，因而没有一种普适的一步一步的科学方法；科学是一种解释自然现象的尝试；来自一切文化背景的人都对科学做出了贡献；观察渗透理论；科学史既揭示了科学的进化的特征，也揭示了科学的革命的特征；科学是社会和文化传统的一部分……如此等等。我们会看到，国际上基础教育界已有共识的这些观点，与我们现实社会上流行的科学观，有着不小的差别。但在我们的课程标准中，虽然没能做到全盘接受所有这些关于如何理解科学的“新”（实际上也不能算是很新）理念，但毕竟也还是在不同程度上吸收了其中的一些。这种态度，比起我们科普界的主流观念，实际上是要更前卫不少的。

又比如，目前最被关注的“核心素养”问题，我们大约可以说，“核心素养”是指学生在接受相应学段的教育的过程中，逐步形成的适应个人终身发展和社会发展需要的基本知识、必备品格、关键能力和立场态度等方面的综合表现。“核心素养”不等同于对具体知识的掌握，但又是在对知识和方法的学习中形成和内化的，并可以在处理各种理论和实践问题的过程中体现出来。具体到基础教育的各门科学学科中，“核心素养”又会有一些带有各自重点的特殊内容要求。

但问题在于，这些好的理念，在从课程标准转化成各种教材，再到具体的教学实践中，实际上是在一层层地严重打折，到学生为准备高考而进行应试学习时，几乎已经很难看到其影子了。

这也就是说，我们一直在努力为对抗应试教育而做出的各种努力、采取的各种措施，最终还是在强大的应试教育的实践中败下阵来。其中的原因是值得思考的。甚至我们可以说，连应试教育本身，也都还是某种表面化的东西，是更为复杂的各种现实社会因素，是我们的社会结构、社会分层、教育在现实社会中的人的发展中所扮演的角色、教育的公平性、文化传统、现实社会中人们普遍的心态和价值观等因素共同地造成了正规教育（当然包括科学教育）问题严重的现实。这种局面并非是可以仅仅通过简单的具体对应措施的出台就能得以扭转的。

再说科普。如果不详细地追溯中国科普发展的历史，而只是简要地观察一下其发展过程中一贯继承的意识形态背景，就可以看出其长期以来基于科学主义的典型缺失模型的内容选择和传播方式。这是观念层面。

除了观念层面之外，体制运作方面的因素更不可忽视。在国内当下的实际科普工作中，主力军是政府。政府越来越重视科普工作，包括颁布科普法，制定并实施《全民科学素质行动计划纲要（2006—2010—2020年）》，以及各种科普活动，投入资金的力度也是有史以来最大的。显然，这些源于政府的努力为我国科普工作带来了巨大的动力和众多的成果。但与此同时，我们也不能不承认，在这样的主力军主导的科普运作系统中，其工作的主要动力，及驱动、评价机制，就像许多政府主导的其他领域一样，是在意识形态影响下的政绩！

也正是这种驱动、评价机制，导致了大家反而对于科学教育和科学传播规律的重视相当不足，过于关注那些能够以直观、明显的方式反映出政绩的实际活动，忽视了对于科普发展极为重要相关基础研究，从而在一定程度上导致了社会上许多科普活动形式化严重，效果不佳。相关的事例有很多，这里不再一一列举。

当然，近年来，也确实有更基于市场规律的一些新兴的科普运行机制出现。但我们也应注意到，新的市场化的科普，虽然在某些形式上（如科普的趣味化、时尚化等方面）有新意，却不一定就天然地具有科学理念上的优势，例如在涉及科学与人文的立场方面。

总而言之，从现实来看，由于制度问题、理念、机制和评价标准等方面的惯性，由于科学教育人才培养方面的问题，由于对科学教育的终极的理解方面的欠缺，短期内要在正规教育和非正规教育中的科学教育领域很快地有根本性的改变，还是非常困难的。但对于理想的科学教育，改变又是必须的！

谁应负责教育的主要工作？教师还是家长？①

近来，基础教育界的若干动向，一再引发网民的热议。实际上，这些引发人们“吐槽”的事件，或者说是被人们非议的动向，反映了我们的教育在目标上的错位。或者说，在现在的基础教育阶段，究竟谁是受教育者——学生，还是家长？谁应负责教育的主要工作——教师，还是家长？

前段时间有一件被人关注的清华大学附属小学 6 年级学生用大数据分析苏轼，并写了论文的事件。虽然在网民的热议中，也有不少因个人关注点的不同而导致的焦点的偏移，但明眼人不难看出此事的一些要点：这篇论文究竟应该算是小学生自己写的，还是家长代劳，或主要贡献来自家长？无论从论文中屡次出现的“爸爸”的说法，还是从文章的内容来看，显然不是小学生独立完成的，家长的贡献在其中绝对不可忽略，甚至起着关键性的作用。当然，人们还可以争议，像小学阶段的主要学习目标是什么？这种超高级的研究（包括对大数据方法的应用及各种其他分析、研究方法的利用）是否在广大小学生的学习中具有推广价值？家长与学生的合作（甚至代劳）的关系应该控制在什么限度内？对那些没有这种有学术背景和实力的家长的小学生，又该如何完成这样的学习任务？如此等等。

不过，在这一事件的背后，其实是当下一个比较具有普遍性的问

① 此文原载于 2017 年 11 月 25 日中国科技工作者之家“科猫”APP，收入本书时内容略有调整。

题，即家长们越来越多地被卷入学生的学习、作业中，越来越觉得负担沉重，甚至影响本职工作。反观十几年前或更早，情况显然不是这样，那时，家长对学生学习的“参与”绝对比现在要少得多。形成现在这种局面，有多种因素，包括在二孩政策开放前的独生子女问题，包括教育在实践中越来越应试化和越来越白热化的竞争，包括教育资源分配的不合理及相应地造成的人才“短缺”等。但至少我们可以把问题先归结到具体的一点，即对于这种显然并不正常甚至非常反常的情况，教育者、学校领导、教育管理者们对此应负什么样的责任？究竟是谁在受教育？谁是教育的主体？家长在其中究竟应做些什么和本不应该却不得不做些什么？越来越多的教师把本应由他们负责的工作，越来越多地推给家长，不管是帮助甚至参与和代劳完成作业，还是越来越重的代替教师完成监督、辅导、陪同，甚至批改作业等。这难道不是教师的不作为和失职吗？

反映出这一问题的还有其他现象，例如，人们现在也越来越体会到，学生们在学校确实有些“减负”了（尽管很还是表面的），但社会上各种教育辅导、培训机构却如雨后春笋般兴起，甚至形成一种无形但又具体和沉重的普遍心理：学生若是不参加这样的课外学习，就会落后，甚至达不到基本的要求。于是，教师又一次把自己的本职工作推向社会，推向家长，让家长们必须为学生的学习付出更加沉重的经济上的成本和更多的陪同时间成本。

虽然带来这些问题的原因很复杂，但在最基本的一点上，我们仍然可以问：教师、学校领导、教育管理者们，面对这样的情况做了什么补救？还是在继续推波助澜？除了用失职这样的词来形容，我们是不是也可以把这看作教育领域的一种“腐败”呢？

大学科普：在科学传播的新阵地上的新探索①

就科普工作的发展历程来说，一个明显的趋势，就是科普领域的不断扩展。以往，人们会更加关注面向一般公众的科普，而对于已经接受了高等教育或正在接受高等教育的人群，则不觉得有科普的需求。因而，面向大学生的科普工作的开展，应该是近些年来科普领域值得注意而且非常重要的新动向。

重庆大学科学技术协会的秘书长靳萍女士，多年来一直致力于大学科普工作。她负责的刊物——《大学科普》，因内容新颖、形式活泼而在诸多科普刊物中脱颖而出，非常有特色和影响力。基于多年从事大学科普的积累，她所著的《科学的发展与大学科普》，更是在这一方向上的有益总结和探索。

这部针对大学科普的著作，从结构上看，可以大致分成科学源流与大学发展的历史，基础科学学科的发展历史，与科学哲学、科学社会学相关的科学实验等，对各类科学奖项的介绍，以及对科普发展和科普理论的介绍几部分。

初看上去，这样的结构似乎有些将不同领域、不同学科的不同内容堆砌在一起的感觉，但仔细看后，还是可以体会到作者的用心。因为，大学科普毕竟是科普的一个新领域，如何针对大学的特点和大学生的特点，尤其是针对其不同于其他科普领域的特殊需求，进行科学

① 此文原载 2017 年 12 月 29 日《科普时报》，收入本书时内容略有调整。

传播，这本身就是具有挑战性的新问题。而作者只是在各类科普相关的内容中，选择了她认为在大学科普中最迫切需要的内容。尽管这样的选择并不唯一，但初涉此领域，这仍是有益的探索。

在目前大学的教育中，虽然改革一直在继续，但仍存在不少问题，诸如文理分裂（实际也就是所谓的两种文化问题）、专业学习过于功利性地专门化、学生视野偏窄等。将科普引入大学教育，这既是科普工作的进步，也是对大学教育改革工作在特定方向上的推进。该书在这几部分内容上体现了很鲜明的特色，正如为该书作序的江晓原教授在序中所说，是“横跨哲学、科学技术和科学技术史，超越了传统的科普范畴”。

我们可以注意到，在这种总结中，突出的，恰恰是当下在大学教育中所缺乏的，而在科普领域的发展中正凸显出其重要性的内容，即为科普更多地注入人文因素，将科学文化和人文文化结合起来所需要的跨领域、跨学科的内容。这样的内容，有别于传统中在科学主义倾向下那些过于注重知识、科学前沿的科普内容。至于最后一部分，也许最为看似不像直接科普的内容，而是属于二阶的科普问题，但考虑到大学生一是也需要有理论高度的认识才会愿意参与科普的学习，二是他们未来更是科普工作的主力军，因而这部分内容反而是更有针对性的。

当然，该书还有其他许多亮点，在有限的篇幅中，这里也无法一一详尽地总结，但最可说的，还是像这样的新探索在科普领域发展中的重要性。

五、科幻观察

科幻，在我国的发展道路曲折，但目前已经成为公众和社会关注的热点之一。关于何为科幻，其实也很难给出一个成为共识的标准定义，但通常这并不妨碍人们对科幻的识别。国内曾有关于科幻和科普之关系的争论，一般地讲，科幻更是在科学的概念框架或背景下以想像力为出发点去思考未来的可能性，而科普则更注重传播有相对共识的标准的科学知识、科学应用、科学与社会的关系等。科幻和科普两者间也存在着多种关联。当然，也可以将科幻与科普两者作为科学传播的不同形式来看待，以统一的立场来关注其对提升人们的科学素养的贡献。

科幻的“软硬”和对现实的观照①

这几年，读者对科幻文学的关注度逐渐增加，但坦率地说，虽然这两年科幻“热”起来了，但真正具有可读性的长篇作品，让人有阅读快感、愉悦感的书，其实不是很多。对于文学作品来说，不管是科幻题材还是其他什么题材，首先它应该是一个文学作品。它的思想性如何，批评家可以做学理性的分析讨论，但就一般读者来说，总得先读着好看。刘洋的长篇小说《火星孤儿》就非常好看，阅读的过程是很有意思的，虽然感觉跟读《三体》不完全一样，但隐约觉得还是有点相似，作者的写作多多少少带有一点刘慈欣的风格。

在中国科幻文学中，《火星孤儿》具有非常重要的、特殊的地位。以往不管是《三体》还是其他，涉及的都是我们比较常见的关于天体，或关于宇宙、空间、时间、相对论、高维等科学内容的讨论。《火星孤儿》则是运用了一些凝聚态物理的概念和理论，这可能跟刘洋原来学的专业有关。这大概是凝聚态物理首次作为核心在当下科幻小说里出现，这是非常有意义的。凝聚态物理是研究固体、液体等由大量粒子凝聚而成的物质的性能和微观机制的一门学科，其涉及的物质种类繁多，如半导体、超导体、晶体、磁性物质等。时空、宇宙等对读者很有吸引力，其实跟过去的传播重点有关。实际上，根据统计显示，今天已有超过 3/5 甚至更多的物理学家是研究凝聚态的。那些真正研究纯粹基础理论的人很少，而凝聚态物理跟我们日常的社会生活、应用技术，

---

① 此文原刊于 2019 年 4 月 8 日《文艺报》，收入本书时内容略有调整。

特别是材料科学等关系非常密切。《火星孤儿》里面大谈磁性、磁滞等，这些都是属于凝聚态的知识。能够在这样的基础上去构想文学作品，对读者来说可能会产生陌生感。这种陌生感有得有失：由于这种陌生感，读者也许会产生某种阅读压力，但也可能有的读者就是喜欢有挑战的阅读。

把凝聚态物理的知识引进科幻文学，除了对科幻文学的基础背景本身的开拓有意义，对于广义的科学观念的传播和普及也有重要意义。现在不仅仅是科幻文学，就是在科普领域里，绝大部分书也都不是谈凝聚态、固体、材料的，涉及这些基础知识的作品并不多见。当然，这也是因为我们过去传统的科学传播形成了一定的惯性。有出版人统计过，一部作品的书名里如果出现了爱因斯坦，即使内容很老套，还是会相对于那些书名里没有爱因斯坦的科普书更好卖。这是好事，但也是问题，它会导致科普书籍的选题扎堆，很难有新的信息向大众传播。所以，《火星孤儿》这本书里的凝聚态等科学原理，结合创造性的想象力书写，对于科普知识的传播具有重要价值。

目前文学界经常有关于科幻文学"软""硬"的讨论，这确实是一个问题。但如果用这样简单的标准对《火星孤儿》做分类，可能不一定完全合适：你说它是"软科幻"还是"硬科幻"？其实在小说各个部分的阅读体验是不一样的。就小说前面的部分来说，设置悬疑、各种铺垫，好像很"软"，但真正读到后面，就相当"硬"。说到"硬"，还有一个现象：现在人们经常谈论科幻的想象力。科幻虽然不仅仅是科普，但毕竟还是要以某些科学的知识作为基础性前提，并在这个基础上加入想象，再展开叙述的。

这里有一个问题：从小说的结构上讲，《火星孤儿》里"软""硬"的结合，是不是有一个比较均衡的分布会更好？因为这样可以把"硬"的压力在作品的结构中进行分散。否则，如果前面读着很轻松、很容易，突然间难度提高了，有些读者就会在遇到困难的时候放下，造成遗憾。因此，我认为小说的前半部分也可以适度做一些铺垫，以避免让后半部分的阅读难度突然提升。

另外，除了“软”“硬”，一部科幻作品也可以根据内容分成不同类型。比如，有些作品是很纯粹的想象和天马行空的、脱离现实的，但也有些作品会让人联想到社会现实。后者又有两类：一类是这个现实跟科学本身带来的变化相关，比如王晋康的很多作品；另一类，不一定是跟科学技术带来的直接影响有关，更多是间接涉及社会现实，将它们放在科幻小说里做一些结合和体现。《火星孤儿》讲的是高考，这个当今社会关注度很高的、很让人揪心，也有卖点和吸引力的话题。学生肯定关心高考，学生的家长肯定关心高考，家长的家长看着孙子、孙女也不会不关心高考。对于这个话题，大家有那么多的焦虑。这种焦虑涉及教育现状、一些耸人听闻的社会新闻等。小说以非常极端的方式设置了一所以高考为导向的学校，更极端的是，还把这所学校放在一个太空站里。这是一个很有意思的切入点。

这样的内容和题材让我充满期待，但后来又略微有一点失望：关于高考这个设定，小说后半部分没有充分利用，最后反而把那种通过死记硬背、魔鬼式训练来应对的高考当成了某种拯救人类的方案。这应该不是作者有意为之。但小说的故事情节为这种学习模式提供了合理性和支撑，对此我是不太支持的。如果为了故事的进行，需要这种模式去拯救世界，我想或许可以设置成另一种更有荒谬感的形式：也许不仅仅中国的高考是荒谬的，拯救世界这个愿望本身，连带整个地球和外星世界其实都是很荒谬的。这样，把中国高考的荒谬和真正更大范围的荒谬结合在一起，也许是一个可以参考的处理方式。那样的话，会表现出一种更高层次的荒诞感。但略微遗憾的是，作者没在这个问题上再进行发挥。否则，也许这个作品的冲击力度会更大一些：高考就不仅是一个场景设置和情节安排，而真正把现实的机制和主题、构想融为一体。

不管怎么说，刘洋的小说《火星孤儿》确实很有想象力。它让我们知道，科幻，在科学的各类知识范围里，除了大家熟悉的“穿越”，还有很多其他的空间、方向是可以开拓的。这本书为此做出了很有象征性的表率，不仅仅是那些最前沿的、人们已经谈论和关注的超弦、宇宙论、相对论等科学背景，物理的其他分支、化学的其他分支，同样可以作为科幻的背景，并在其下建构一个很有想象力而且吸引人的科幻世界。

幻想中高科技对人类的有限拯救
——从STS视角看《星际穿越》①

《星际穿越》，谁与争锋

回首2014年国内电影市场，科幻电影再一次毫无悬念地成为影院高票房的主力军。《星际穿越》《超体》《银河护卫队》《变形金刚4》等电影持续成为大众热议的话题。2014年11月12日首映的大片《星际穿越》，更是将观众对于科幻题材电影的热情推上了顶峰。对于这部电影相关话题的讨论，一度成为各大社交网络平台的热门话题，其引起的公众对于科学相关问题的关注，远远超出那些我们投入大量人力物力进行的科普工作的效果。因而，无论对于这部影片本身，还是对于其可能为受众带来的潜移默化的影响，都非常有必要进行学理性的分析和讨论。

这部由克里斯托弗·诺兰执导的科幻电影讲述的是，在不远的未来，地球自然环境严重恶化，已经不适宜人类居住，同时，科学家们在太阳系中的土星附近发现了一个虫洞，可以通过它到太阳系之外寻找适合人类生存的星球。影片以父亲对女儿的爱与承诺为主线，在一个宏大的太空旅行的故事背景中表达了浓浓的父爱。

《星际穿越》上映后，影迷们的反应可谓“冰火两重天”。对其大加赞赏的有之：认为影片的科学技术硬伤和逻辑硬伤极少，又有著名物

① 此文原刊于2015年第1期的《科学与社会》杂志，与戴慧琦合写，收入本书时内容略有调整。

理学家基普·索恩担任科学顾问，为电影中的科学知识保驾护航，堪称近些年来难得的精彩“硬科幻”电影。对其嗤之以鼻亦有之：主要是认为剧情太拖沓，接近三个小时，亲情戏过于煽情，在电影院度过了难熬的不知所云的时光等。甚至有观众看完后调侃：“这是电影版的《爸爸去哪儿》，爸爸去了外太空。”

对科幻电影多有研究的江晓原教授曾将科幻电影分类为七大基本主题：①星际文明；②时空旅行；③机器人；④生物工程；⑤专制社会；⑥生存环境；⑦超自然能力。按此分类，《星际穿越》大约可以算是星际文明和时空旅行两大主题的结合。这位被称为“宇宙一号”的导演凭借《记忆碎片》《致命魔术》《蝙蝠侠：黑暗骑士》，以及《盗梦空间》等影片的拍摄经验将科幻题材电影的分寸拿捏得恰到好处。《星际穿越》的问世，在观众中引起如此大范围的追捧、热议及争论，这也是重要的证据之一。

“好科幻”与争议

我们可以看到，影迷们争论的焦点，大致有如下几个方面。其一，是关于此影片是否为严格意义上的“硬科幻”电影。一些观众认为，《星际穿越》是近年来最具野心、视野最宏伟、涉及科学和科幻构思最深入的影片。它前所未有地把高深的科学理论和假说以视觉方式充分呈现，包括黑洞、虫洞、奇点、五维空间、时间膨胀与压缩、全球食物危机、类地行星探索、深度休眠等，通过观影可以向公众普及一些基本的天文学知识和物理学知识。“因为拍摄《星际穿越》，物理学家基普·索恩团队甚至发表了两篇论文，一篇有关黑洞物理，一篇有关计算机图形。其中一篇论文投给了学术刊物《经典和量子引力》。”基普·索恩一直从事有关相对论、黑洞，特别是引力波的研究，他最著名且富有争议的理论就是关于虫洞或许能够作为时间旅行工具的假说。影片两个最核心的设定——虫洞和引力波通信，正是他核心研究领域。

另一些观众则认为《星际穿越》不仅不是“硬科幻”，而且故事情节存在很多硬伤。导演似乎刻意为了科学道理而讲故事，而不是通过讲个故事来教给你科学道理。这导致影片看似严谨完整实则生硬古板，所有想象力的呈现和故事的讲述都是基于已经被公认可以进行教育、传播的科学理论之上进行架构的。虽说这是一种尊重科学的艺术创作形式，但却被科学“绑架”了，使得一些情节的设定充满“槽点”。例如，关于库珀发给墨菲用于解决空间方程中最重要的量子数据、大型火箭、枯萎病、恒星系统、海水的深浅、数据传输的快慢等科学道理并没有讲述清楚，甚至充满悖论；影片将主要危机落脚在生物学上，即枯萎病的肆虐，粮食不够吃，而片中的航空科技水平却和农业技术发展水平完全不成比例，如此等等。

其他一些争议和批评，包括电影的情节设定，如前半段都集中在一个美国的农场中，除了风沙较大，完全感觉不出整个世界面临绝境的气氛，主角们照样喝啤酒、上学、打棒球……这样田园的场景与后面宏大的人类探索移民星球场景有些不协调，很难相信那艘从玉米田中升起的火箭就是人类最后的希望。影片前三十分钟作为铺垫，却没有给出足以吸引观众强烈观看欲望的“包袱”，在宇宙中航行、在星球上登陆、在虫洞中穿梭等看起来本该高潮迭起的段落里，感受不到穿越星际那种激动兴奋的浪潮。甚至连影片中的配乐，都会带出对音乐风格的争议。

争议归争议，但我们仍然可以说，从影片的设定能看出导演试图拍一部“硬科幻”经典的决心：该影片汇集了包括斯坦利·库布里克、斯蒂芬·斯皮尔伯格、雷德利·斯科特等诸多前辈的智慧结晶。影片上映之前，诺兰告诉观众有五部太空电影对《星际穿越》的创作影响巨大，分别是《2001：太空漫游》《异形》《第三类接触》《太空先锋》，以及《超时空接触》；他们甚至为影片的拍摄，专门种植了500亩[①]的玉米。电影中出现的并不过分夸张的生态环境恶化，距离现实并不遥远。舍弃了华而不实设计感的宇宙飞船，十分真实且合乎情理。太空中主动的消音、星上探测到的水和氨气结晶，也符合科学原理，不能够解释的部分则统统推给了“他们”（身份不明，并掌握着未知力量的地球的援助者）。当然，这种严谨也是相对的：当影片运用标准好莱坞亲情

① 1亩≈666.7平方米。

伦理故事模式时，就决定了电影本身可被解读的上限，最终导致影片在升华时的力不从心。

有趣的是，这部电影的特殊之处在于人们对一部电影的“科学成分”的关注甚至超过对剧情和特效的兴趣。影片上映后，网民们讨论最多的不是这部电影的导演或主演，而是影片的科学顾问、物理学知识及影片构建出的被认为最接近真实的黑洞形象，这一领域的顶尖专家基普·索恩，甚至因此被推到了舆论的风口浪尖，这是非常有意思的现象。总体来说,《星际穿越》确实将枯燥复杂的科幻构思与人类情感结合起来，延展出来的是关于爱、人性、自然、宇宙、时间的深度思考，体现了导演的文艺情结，传递了关于爱的大主题。这部好莱坞大片的情节、音乐、摄影、剪辑都保持了诺兰一贯的水准，即便是有那么一些瑕疵，也是值得购买一张电影票去体验一番的，就算你看不懂或者不喜欢，应该也不会有被骗钱、上当的感觉。

从STS的视角看

正是由于内容丰富，对《星际穿越》的解读可从多个视角进行，毕竟这是一部气势恢宏、包含众多元素的好莱坞科幻大片。抛开那些艺术批评的、依赖于直观感觉的分析不谈，如果从学理性的立场，例如，从 STS 的视角来分析整部电影，我们会发现，其实这部情节曲折，充满科技感，讲述科学家经历了千辛万苦运用高科技拯救人类的故事，终极目标并不一定是那么辉煌和理想。

作为重要的叙事背景，电影展现给我们的是一幅人类即将灭绝的景象：人口减少，资源匮乏，枯萎病，沙尘暴。片中多次提到“墨菲定律”，甚至小女孩的名字就叫墨菲，或许能体现出导演的某种用意。“墨菲定律”是指，事情如果有变坏的可能，尽管这种可能性很小，但它总会发生。电影中的人们隐隐担心地球正朝着人类无法生存的方向发展，之后的故事情节纷纷印证了这些担忧。正像有专家曾分析的：“科幻电影有三种功能，对未来预期的功能、娱乐的功能、表达作者对当下关注的功能。”导演对“墨菲定律”的一再强调，可理解为对于当下人类与自然环境的关系深层担忧。当我们在羡慕西方碧水蓝天的时候，影片导演与编剧并没有陶醉于这种表面的现状，而是更具有忧患意识地思考着恶劣的生存环境与人类社会的关系。这仿佛是一个悲观的预言，提醒人类对不可知却已有蛛丝马迹可寻的未来千万别掉以轻心。“自然不是邪恶的，自然是残酷的”，影片中的这句台词，暗喻着人类对自然的破坏，对地球的破坏，但自然永远不会有恶意，一切的坏结果都是人类自己造成的。这也正如那位著名科幻小说家克莱顿在其《侏罗纪公园》中，以主人公马尔科姆为其代言所评价的：“我们的星球并没有什么危险，面临危险的是我们。我们并没有力量去毁灭这个星球或是拯救它，但我们却或许有能力来拯救我们自己。”

当影片中出现库珀带着家人仓皇躲避宛如庞大怪兽的沙尘暴的画面时，我们确实不禁联想到沙尘暴之于现实生活并不遥远。如今，人们对于雾霾天气也早已不陌生。影片中呈现的自然环境很大程度上就是我们现在生活中的自然环境写实：人们行走在雾霾中，几乎看不清马路对面的情景，只知道四周依旧车水马龙。糟糕的空气，让呼吸变成一件困难而又奢侈的事。日本的福岛核泄漏事故恍若昨日，虽已事隔多年，福岛风光明媚的景色也依旧。但不同的是，走到哪儿都有辐射探测仪，曾经备受欢迎的农产品也乏人问津，人们淡然的脸上藏着对未来的恐惧。影片不断给予人们警示，人类在仅活在此时此刻而不管未来如何的意志支配下，向大自然无止境地索取着资源与能量。我们运用高超的智慧发现物质运动的规律，并成功地利用这些科技从大河流域到内陆腹地，从陆地到海洋，从海洋到天空，一次又一次倍增了能量利用的规模。然而，大自然却永远比我们所以为的更复杂、更深奥，并不会顺从地面对人类的无限索取而无所回应。我们不要等到地球已经不适合居住时才知道它的宝贵，才悔恨当初没有善待太阳系里这颗最美丽的蓝色星球。

这部电影不加渲染、明确地表现了当时的人们已不愿意花费无谓的金钱在太空探索上，甚至在教科书中编造谎言说登月是子虚乌有之事。和以往的末世电影不同的是，这描述的不是一个堕落的末世，人们依然彬彬有礼，社会制度依然行之有效，但大众却丧失了对科学的热情和信任，影片中的 NASA 都不得不藏起来准备星际穿越的计划，这是因为害怕饥饿的人民会愤怒。我们不得不思考大众为什么会失去了对科学的热情，反对进行太空探索。这可以从影片的情节中找到些蛛丝马迹。《星际旅行》的主要戏剧冲突围绕着一个两难抉择展开：执行计划A以拯救地球人类，以及执行计划B放弃地球人类去殖民外太空。其实这两个计划都没有惠及普通大众。计划A如果成功了，也不过是像影片《2012》那样，拯救的仅是地球上的少部分权贵，大多数人的结局依然是被留在地球等死；计划B仅是移送了受精卵，只能做到在人类种族意义上的延续，更与生存在地球上的众生无关。

库珀出发前，和岳父坐在屋前聊天的时候说："人类有探索者也有守护者。"当探索者要出发时，是守护者给了他最强有力的支持。守护者是地球上许许多多的普通大众，我们可以理解为他们共同代表着的人类精神。其实在现实中我们也经常会看到，高科技的从业者有时并不关心普通大众的立场，高调宣传探索者、开拓者的伟大，赋予开拓者至高无上的荣誉，忽略大多数只能生活在地球上的普通民众。影片中残酷地表明，无论哪种探索计划，即使成功，能逃过世界末日的总是极少数的"一定数量"的人类。影片中布兰德说："科学家、探索家这一组人代表着最好的人类。"有时候，"最好的人类"在获得守护者竭尽全力的支持时，并没有给守护者带来任何好的转变。高科技的发展不代表人类本身发展的全部，将拯救全人类的法宝全部压在高科技上，必然会得到一个令人失望的结果，甚至根本拯救不了"现存的大多数人类"。

因而，对外太空的探索之旅也只是对人类有限的拯救，而且这种探索又是具有不确定性的。即使影片结尾处，新成立的土星上空的库珀空间站的居住环境也同样不是想象中的天堂，只是一个超小型而且扭曲了的大房间而已。探索者们到达的三颗星球，前两颗分别布满了洪水和坚冰，而最后布兰德到达的艾德蒙斯星球，则是广阔的黄土，缺少植物，环境比人类准备逃离的地球要差很多。由于它还没有建立起地球上的生物圈，因此要把它改造到可以种植粮食的程度至少需要几千年。人类在地球上肆意妄为，全力发展高科技，最终却只有把希望寄托于另一个"地球"的不确定的寻找上；本应是为人类的幸福服务的科技发展，最终却只沦为对面临绝境的人类的有限拯救方案，这实在是对科学技术发展的某种尖刻的反讽。

这部电影表面上似乎是在讲一个非常科学的故事，对科学充满了敬仰。实际上，从深层次上来说，这部电影仍然在警醒我们思考未来科技的发展对于人类自然社会的影响，思考科学技术本身。它再次告诉我们："科幻片警示、唤醒、启发世人今天的科学技术，正是在这百余年间的某个时刻，告别了它的纯真年代，过度依赖科学技术支撑的现代化是不可持续的。"

关于中国科幻电影的思考

长久以来，中国学界一直对有关科幻、科普和科学传播的关系存在争论。有人将科幻视为科普的一种；有人认为科幻与科普在性质和功能上完全不同，不应将其归入科普的范畴。实际上，如果站在广义的科学传播的立场，而不仅限于狭义的只考虑正确地传播普及科学知识的立场，就许多科幻作品中所含有的与科学观和自然观相关的理念来说，其传播显然是科学传播中的重要类别，而且因其远远超越传统科普的巨大社会影响力，对其科学传播的效果及意义，非常值得进行深入的具体研究。

本文所讨论的科幻电影《星际穿越》，就恰恰为如何看待科学技术与社会再次提供了一个来自科幻的良好案例。从中当然也可以延伸出人们对于如何看待科幻电影及中国科幻电影之路的思考。

"科幻电影是科学发展的直接产物，不管是传统的'硬科幻'，还是后来的'软科幻'，科学总是或明显或隐藏地存在于其中。"历史上人类对星空的探索虽然屡经挫折，但是可以说没有停止过努力，而大多数星空探索的理论，对于普通人而言，还是存在着较高的认知门槛。科幻电影的存在，大大降低了这种认知的门槛，普及了众多简单的科学知识，除了满足人们的求知欲之外，还开拓了我们的思维，让我们站在更深邃的角度审视我们的星球及我们的种群。

但是，科幻电影和传统意义上的科普显然是有差异的。有观众会说他科学素养不高，看不懂这部电影。其实看不懂又何尝不是完全正常的？这部影片并不是一部物理学、宇宙学的教材，不需要也不可能在有限的时间内把学科中研究前沿的最新理论完整、准确又通俗地展现给人们，因为那或许可以是科教片而不是科幻片的功能。科幻可以吸引人们的兴趣，启发人们的想象力和好奇心，远比那些传统的科普作品传播广泛，影响更大，但却并不承担传统的对科学知识的传播功能，反而更注重启发人们的反思意识。

科幻电影与时代密切相关。早期的科幻作品，基本都是对科学的讴歌、对科学技术充满自信，有积极乐观、昂扬向上的精神面貌。到了后工业时代，科学在种群自身的内斗中发挥的反面作用，也在科幻作品中得到放大。这时候的作品多了反省与怀疑。从两次世界大战到冷战，科幻作品的精神随着时代跌宕变化，逐渐出现对科技本身的怀疑，太空精神中豪迈的自信开始掺了些谨慎。这种对科技本身的怀疑与对人性本身的怀疑经常被捆绑在一起，除了对科学技术的反思，人们对自身的认知也多了几分深入。科技的反噬和人性的沦丧经常出现在这几十年的科幻电影之中，这本质上属于科幻的终极使命——警醒，是一种有益的思考。

好莱坞的科幻电影，在中国从来不缺观众，然而，中国自己的科幻电影还有很长的路要走。“中美科幻电影发展的状况比较，可从科幻电影的数量上看出巨大的反差，1995—2008 年，中国科幻电影的数量仅为美国科幻电影数量的 0.5%。”现在，网上诸多科幻迷一直在关注中国科幻电影的崛起，对将《三体》改编成科幻电影既充满期待又不乏对可能的失望的忧虑。这里面，原因确实很多。至少，我们可以想象的是，同样是高科技，在当下科幻大片中的应用显然必不可少，甚至可以借助国外公司，但是创意还是要靠自己。只有技术而没有创意和理念的电影，不可能成为受人欢迎的作品。科幻精品，是离不开对科学和技术的深层反思的。从这样的角度对《星际穿越》这类作品的理念分析，或许也可以有其有限的思考价值。

中国科幻从流浪到定居的可能性问题
——从《流浪地球》谈起①

2019年，大年初一正式公映的国产科幻大片《流浪地球》，在上映一个多月之后，票房累计超过46亿元，成为令人瞩目的大赢家，也被认为是众人所期盼的“中国科幻元年”到来的醒目标志。这确实是中国科幻发展史上一件里程碑式的重大事件。

谈起中国科幻的发展历史，可谓筚路蓝缕，不讲明末清初的起源阶段，仅就改革开放以后而言，也是一波三折、起伏不定的，姑且不说那些关于科幻与科普关系之争，至少科幻一直未能走进文学的主流。直到2015年刘慈欣的《三体》在国际上获得雨果奖，科幻在国内的处境才有所改观，但也还远不能说达到全社会普及的程度。而为数有限的顶级科幻作家，以及人数也仍然有限的科幻受众，使得中国的科幻仍然是局限在一个小群体之内的追求。能够在科幻迷群体之外为人所知的科幻作家，目前恐怕也只有刘慈欣一人而已。也正因如此，科幻界才会一直期盼着未来能有突破性的进展，让科幻真正引起全社会的关注，摆脱那种仍处在“流浪”的局面而走向定居。也因此才会有期待“中国科幻元年”到来之说。上海交通大学的科学史教授江晓原则更是早就断言：“所谓的‘中国科幻元年’，它只能以一部成功的中国本土科幻大片来开启。”

电影，显然比作为文学的科幻小说受众更多。所以，通过科幻电影

① 此文原刊于2019年第2期的《科普创作》杂志，收入本书时内容略有调整。

来振兴、推广和普及科幻确实是一个可以设想的有效手段。其实，许多年来，在国内公映的国外大片中，有许多就是典型的科幻电影。但那时，人们却未必明确地将那些大片与科幻的传播有意识地关联起来，其中一个重要的因素，是这些科幻大片并非国产，因此只是被当作令人兴奋的舶来品去欣赏，而与中国本土的科幻并无更多的关系。

随着科幻小说《三体》在科幻迷的圈子和超出这个圈子之外更大范围的流行，随着人们因阅读小说而对于将《三体》改编成电影的期盼，以及一次次对各种涉及《三体》电影的消息的关注和因这部电影迟迟不能完成和公映而带来的失望……在这样的情况下，同样是改编自刘慈欣的小说的《流浪地球》突然横空出世，显然正是在一个具有比较充分的背景铺垫的理想的时机。

《流浪地球》刚一公映，旋即引起观影热潮，也同时引发了热议，尤其是在新媒体上的热议。这些影评，甚至分成了立场和判断截然相反的两种极端。赞扬者不遗余力，几乎用尽赞美之词；捍卫者对哪怕稍有负面评价的说法都予以坚定地、几乎是非理性的抨击。当然，也有不少批评性的评论，例如分析影片中所表现的不符合科学的内容和情节的批评，以及对人物形象的塑造不够理想等方面的评论。对于国产电影来说，能够出现这样的热议和争议，是非常罕见的。被热议本身就是其影响力和被人们重视的表现。虽然争议并未影响电影的票房，但这种两极分化的争议，实际上已经远远超出了常规影评的范围。例如，那些最坚定的捍卫者，其实更多的是基于对国内科幻的支持和热爱而表现出来的某种狂热，而不是基于对电影艺术本身的冷静思考；那些批评者的负面评论，也同样是承载了对于科幻本身和对于科幻电影的不同理解与不同的价值判断：在科幻中应如何对待已有的科学知识、原理与幻想情节中的“科学”不一致的问题，如何评价科幻的目标、特殊的意义及其艺术性，如此等等。

电影《流浪地球》改编自刘慈欣同名的短篇小说（或也许可以称为较短的中篇小说）。这部小说体现了刘慈欣后来所表现出来的一些典型风格，包括对文明延续的关注和对用技术来解决文明存续面临的危机的倾向。在这部小说里，确实有一个非常有创意的设想，或者也正是所谓幻想的构思，即因太阳将变为一颗巨大的红巨星将地球吞没，把地球气化，所以地球上的人类采取了建造地球发动机的方式，将整个地球推走，远离要爆发的太阳，在太空中“流浪”，去寻找新的家园。电影采用了这个基本的构思框架，舍弃了小说中一些更复杂的情节，也补充了一些小说中所没有的情节。但这都不是最重要的。毕竟要将小说改编成为成功的电影，不一定必须保留小说中所有的要素，甚至还有所谓一流的电影往往不是改编自一流的小说之说。

这部电影能够在票房上获得成功有许多因素，其中之一，是这部国产影片在特效上的成功。当然，这在国产电影，特别是国产科幻电影的拍摄中，也是开创性的。成功的特技效果也让观众在观影时体验到与观看国外大片时感觉相似的视觉效果带来的震撼。虽然在实现这些特效的开创阶段仍有许多困难，但在有经费保证的前提下，特效的实现也许并不是过于难以达到的目标。我们应该承认，特效这种电影制作手段应用的成功，让这部电影确实点燃了许多人对中国科幻发展的热情，增强了对中国科幻小说和电影的发展的信心。但仅仅依靠这些，是否真的就能让中国未来的科幻延续《流浪地球》的成功和火爆？这样的成功是否可以复制？

以电影《流浪地球》作为出发点，为了让未来中国的科幻真正能够更顺利地发展，就需要不只是对电影《流浪地球》及其成功一味地唱赞歌，而且需要以此为契机，更多地进行一些反思和总结，思考其中存在的问题和争议，同时也更深入地思考科幻本身。

科幻之所以不同于传统、正规的科普，就在于科幻中呈现的科学与现有的科学是不一致的。因科幻作品中所谓技术性的科学内容占据的重要程度的不同，根据其或是更强调技术性的科学内容，或是更突出人文、哲学和社会等内容，又可将科幻作品区别分为“硬科幻”和“软科幻”。但无论“硬”或“软”，都不可回避的是，科幻中的“科”字将它与其他类型的文学、电影区分开来。也就是说，无论是作为作品的背景框架还是作为核心的内容，科学都是其中不可缺少的基础性要素，否则就成了奇幻之类的东西。当然，“幻”则是科幻的另一不可缺少的要素，也是将其与传统、正规科普相区分的重要原因。科幻在处理与现有的科学的关系的方式上有许多可能。例如，在现有的科学的基础上，通过合乎逻辑的外推，将目前科学还没有可能实现的知识或技术以想象的方式表现出来，或是仅仅在一种概念性的科学的框架或者意向下展开想象，与现有的科学并无更直接的联系。但人们往往会因科幻中的科学，与现有的科学是否存在冲突或矛盾而展开争论。在电影《流浪地球》引发的一些争论中，就有不少属于这一类：批评电影中的科学与现有已知的科学不相一致，甚至彼此矛盾。对于这些争议，虽然可以讨论，但也不必过于当真。如果我们不过于较真地把科幻等同于科普，从而不过于严格地以现有科学作为判据和标准来要求科幻中的科学的正确性，其实也不会有什么大问题。姑且不说科学从来就是处在发展变化之中的，甚至还有诸如“科学的多元性”之类更前卫的观点。毕竟人们在欣赏科幻时是知道这是科幻而非用来学习的科普，就像人们读小说时是知道那是与历史或现实有所不同的虚构的故事情节，看童话时也不会把其中的虚构当真、与现实相等同一样。

不过，前文提到的关于电影《流浪地球》的另一类争议和批评，却是值得我们认真地思考的。那就是，认为这部电影对其中人物形象的刻画和塑造太过薄弱。当然，这也涉及观影者的偏好，涉及观影者对科幻电影（也包括科幻文学）的不同理解。

无可否认，电影《流浪地球》在对其中的人物形象、性格的塑造，和对人性的揭示上，的确是非常不理想的。如果人们在看科幻电影时，不满足于只是欣赏屏幕上呈现的想象中的科学和技术的画面，不满足于只被炫目的特技效果所震撼和吸引，而是按比较传统的想法希望能看到诱人的情节、丰满的人物形象，甚至于希望能被真正地感动，从中得到对世界、社会、人生和人性的更多的思考，那么《流浪地球》显然远远达不到这样的要求。极端一些地讲，整个电影似乎更像是为拯救地球而将之推走的这一“工程”的视觉版流程说明书，其中的人物只是为了让这个流程说明书得以呈现的“棋子”，或者就像是在一部庞大的机器上为使之能够运转而必不可少的螺丝钉。电影毕竟还是有其传统的特点，对人的关心，应该是其中之一。也许是为了更好地对电影进行宣传，在《流浪地球》公映前，一本编辑得非常仓促的《流浪地球电影制作手记》出版了。我们可以看到，在此书中，绝大部分的篇幅都是在讲摄制组如何克服困难，如何解决拍摄、道具、场景和特效制作方面的技术性问题，而对如何塑造影片中的人物形象，如何提高影片的艺术性，如何让影片具有某种更能带给人们启发的思想性等，则或是一笔带过，或是语焉不详。这本制作手记无疑表明了在此电影的拍摄中，对技术的关注是首位和最为突出的。有意思的是，在书中对此电影的世界观的概述部分，虽然谈到了对影片涉及的时代的自然环境的构想，也涉及了对影片中的时代的人类社会的设想，诸如人口、政治、社会分工、行政版图、经济与物资、文化娱乐、家庭生活、教育等，更是涉及了对影片中出现的像“行星发动机”“地下城”“高速地表运载车”“外骨骼装甲”“空间站”等技术，却唯独没有对人物性格等的人文和艺术关注。虽然在“新地心说”部分简单地提及了那时人们的某种观念，但也不过是对小说原著中的观点的极度抽象的简化版转述而已。

可以想象，以这样的方式和倾向来拍摄的这部电影，情节、艺术性和人性的薄弱，也就在情理之中了。另外，如果从哲学立场上看，电影中那种“人定胜天”的传统意识也还是非常明显的。就此而言，与之同期上映的同是改编自刘慈欣小说的电影《疯狂外星人》，反而要在这些方面更为理想。只是，《疯狂外星人》在票房上远不及《流浪地球》成功，这一现象，倒是更为耐人寻味和值得另做分析讨论的。

总之，前面谈到了在某种科幻观和科幻电影观之下对《流浪地球》的一些看法。当然不能说那些更热心地出于对振兴中国科幻的热情而坚定捍卫这部电影的人没有他们的理由，但更为理性的反思和讨论也同样是必要的。有人坚持只喜欢欣赏科幻电影的特技效果，这也可以是一种追求和偏好，但问题在于，只靠技术和特技来支撑的科幻电影是否就是科幻电影唯一的理想模式呢？只凭这些，《流浪地球》的成功在未来还能够复制和重现吗？中国科幻文学和科幻电影在未来的发展中，是否还需要一些别的什么东西来支撑呢？

科幻中呈现的全球化、现代化与传统的冲突：以《基里尼亚加》为例①

科幻与人类学

说到科幻，人们一般首先想到的是那种在高科技飞速发展的背景下的人类未来的生活。比如，在想象中远远超越现实的科技发展的背景下，在人类之间，以及经常还在作为主角的非人类（比如外星人）与非人类之间，人类与非人类之间展开的形形色色的冲突。这也显示了科幻作品对于世界乃至宇宙的未来的突出的兴趣，对于在科技发展基础上的现代化的特殊关注。正如国内科幻研究专家吴岩教授所说的："科幻是件又酷又时尚的事情。它伴随科技而生，总是昂然领先于时代，以炫酷、华丽、让人匪夷所思的时髦高科技，打开另一扇奇妙世界的大门。在那里，容纳着万千可能，涌现着不计其数的神奇……科幻的诞生，是伴随科技而来的，而科技发展则是现代社会的典型特征。随着第一次工业革命引发的从手工劳动向动力机器生产的转变，蒸汽机的发明，厂的林立，动力机械的普及……面对自然，人类仿佛第一次发现自己拥有了无可比拟的力量。而这种变革，不仅仅促进了人类文明暴风一般的发展，更催生了科幻的诞生。而这也注定了科幻与科技之间的一生交错。"

实际上，科幻并非只此一种类型。例如，曾被一些学者关注的科幻对于科技发展造成的负面效应的反思，在这种交错中，以思想实验

① 此文原刊于2018年第3期的《科学与社会》杂志，收入本书时内容略有调整。

的方式带给读者更加深刻的有关科学对人类和社会之影响的思考。甚至，在科幻作品的多种类型中，还会有颇带有学术意味者，反映出某种学术思潮、某种学术立场。虽然并不是很常见，但在故事中体现的比如从人类学视角进行思考的科幻作品还是很值得人们关注的。

说起人类学，因其不同历史发展时期的代表性的观点多种多样，也因其流派众多而难以简单地给出概括性的总结，所以其中一些与当下主流观点有所不同的观念，像文化相对主义，像对多元文化的关注和强调等，还是非常有现实意义的。正如王铭铭曾说过的："西方人类学家越来越感到，自从15世纪以来，被西方人类学家当成研究对象的非西方人类共同体、地方、宇宙观形态，已被纳入了一个以西方为中心的世界体系，并在这个体系中处在边缘地位。怎样在人类学著述中真实地体现世界格局的中心-边缘关系？这成为诸多西方人类学作品试图回答的问题。将人类学回归世界政治经济关系的历史分析，成为西方人类学的潮流。更多人类学家主张在坚持人类学的民族志传统的基础上，汲取政治经济学分析方法的养分，使民族志撰述双向地反映处在边缘地位的非西方人类共同体、地方、宇宙观形态的现代命运与不断扩张的帝国主义与资本主义势力的世界性影响。"

这里所说的人类学，当然是指文化人类学。就现实来说，其意义在于"人类学可以追寻所有视角（包括文化视角）背后的假定，并得到跨文化知识的支持，考虑最广义的后果。例如，人类学会考虑关于环境的提案，或者我们寻找的社区是否充分地考虑到了人类可能性的所有范围，或者讨论是否过于狭窄地受限于当代或西方文化前提。不论主题或问题是什么，人类学家都会融入哲学和其他学科，推动我们考查我们的行为、我们的价值观和我们的生活，反思引领我们及我们行动的后果、前提。"

早在20世纪70年代，就有学者注意到了科幻和人类学这两个不同领域之间可能存在的密切关联，并有专门的著作问世。"人类学作为一门学科，在20世纪产生了其最多的影响。虽然它感兴趣的领域包括了许多人类最古老的问题，但它又是更有新意的社会科学之一。它研究作为整体的人类，它的目标是理解人类这种被充分研究和观察的动物的众多方面。科幻与人类学共享其主题。科幻是关于未来的人类的文学，而人类学则是关于过去、现在和未来的人类的科学。很自然地，科幻应该作为一种工具用来探索人类学的许多观念。”

也早在20世纪70年代，甚至有学者提出了“有人类学意味的科幻小说”（anthropological science fiction）这一概念。并认为，“有人类学意味的科幻小说，对‘人是什么’这个问题提供了在哲学上很奢侈的答案，而人类学这门学科则仍然在探索该问题的框架。”“科学幻想小说并非只是按其内容来确定的，同样也是因其方法和立场来确定的。”像这样的小说实际上另有一种传统，而且有很多部作品。其中，在技巧和思辨性上，最有人类学特色的，当数美国著名作家厄休拉·勒古恩（Ursula K. Le Guin）①，她的《黑暗的左手》便是其这种类型的代表作。书中，在另一个星球上的外星生命形式，被赋予了某种适合地外生物学的文化行为模式。在20世纪的50至60年代，一些这种类型的科幻小说甚至就是由职业人类学家所撰写的。而且，其作为更一般的类型小说的一部分，又可被称为社会科学小说。这样的小说“确实把过去只限于科学家（包括人类学家）范围的对文化的一种自我批判的自我意识带给了公众。”

本文正是在这种意义上，通过对近来翻译出版的科幻小说《基里尼亚加》的阅读和思考，发现此小说恰恰体现出其科幻魅力、人类学倾向和将两者联系起来的特殊价值。

《基里尼亚加》

《基里尼亚加》是由美国科幻作家迈克·雷斯尼克（Mike Resnick）在上个世纪末出版的一部很神奇的乌托邦类型的科幻小说（其原名为《基里尼亚加：一个乌托邦的寓言故事》）。说这部小说神奇，可以指许多方面。例如，它是由先后独立发表的10个短篇科幻故事结集而成，但这10个短篇却是围绕着一个主题展开的，合在一起又构成了一个彼

---

① 勒古恩有“科幻小说女王”之称，多次获得科幻领域里最有名的雨果奖、星云奖和轨迹奖。她的父亲就是一位人类学家，她最新的一部同样很富于人类学意味的科幻小说的中译本是《世界的词语是森林》。不过，本文暂先不专门讨论她的作品。

此关联的完整故事，随着情节逐渐推进，讲述了一个乌托邦如何在它的创立者费尽心血的维护之下仍然不可避免地逐渐走向解体的过程。这 10 个故事曾先后得了 2 个雨果奖、9 个雨果奖和星云奖提名，因而，这部作品又可以说是有史以来获奖最多的科幻小说集。前两年，我国科幻界和广大读者因刘慈欣的《三体》获得雨果奖而为之骄傲，与之相比，这本小说曾获得的荣誉却远远要多于《三体》。

最重要的，当然还是这本科幻小说的内容。作者将情节的设置放在了一个有些科幻意味的大背景下，想象在科技非常发达的未来，利用科学技术，在太空中某个类地行星上，在一位来自肯尼亚的基库尤人“蒙杜木古”（即巫医）的领导下，一些人建立了一个名为基里尼亚加（这本是在肯尼亚原基库尤人居住地的一座圣山的名字）移民居住地，而且这个居住地的确是一个想保持传统的乌托邦。

“蒙杜木古”虽然身为基库尤人，却是剑桥的优秀毕业生，还在耶鲁拿了两个研究生学位。尽管有这样的背景——“看着内罗毕变成第二个伦敦，一样堵塞的交通，一样严重的污染；也看着蒙巴萨变成另一个迈阿密，治安极差，疾病肆虐。”“看着我们的人民忘记了身为基库尤人的意义，自豪地说自己是肯尼亚人，”但作为部落习俗守护者和传统智慧传承者的“蒙杜木古”，在基里尼亚加这个乌托邦色彩鲜明的新的移民居住地，他坚定地捍卫基库尤人传统的（当然，很多人会认为是非常愚昧的）文化和生活方式。

基里尼亚加的领导者“蒙杜木古”和居民来自肯尼亚，但却认为肯尼亚的现代化是一种“堕落”，虽然那种“堕落”远没有达到让人类无法生存的地步，反而是许多人梦寐以求的“发展”。在“蒙杜木古”的心目中，“在欧洲人到来之前，我们与土地和谐共存。我们照料牲口，耕种土地，有人因为衰老、疾病或与马赛人、瓦坎巴人和南迪人的战争死去，我们正好有足够数目的儿童来补充。我们的生活很简单，但也很充实。”随着欧洲人的到来，带来了欧洲式的现代化和生活方式，“我们的城市人满为患、污染严重，我们的土地变得贫瘠，我们的动物死了，水变得有毒了，最后，乌托邦议会同意让我们搬到基里尼亚加这个世界来，我们便离开了肯尼亚，按照古老的方式生活，这是对基库尤人有利的方式。”

在作者对依靠现代科技的支撑建立起来的基里尼亚加的描写中，其实高科技也仅仅是作为隐藏在背后的技术支撑而已。通过这种支撑给这个移民居留地设置的生存环境与原来基库尤人在非洲的生存环境很相似。例如，会不时地刮起一阵热风，卷来一阵尘土，甚至还经常有苍蝇环绕在人的四周。在这样的环境中，作为基库尤人之神——恩迦的代言人，被视为几乎全能的、智慧之象征的“蒙杜木古”为这里的居民解惑和调解纠纷，施行法术，用讲寓言故事的方式对儿童进行传统教育，用传统医疗手段医治病人。甚至，他也会请求背后科技手段的支撑者调整行星轨道来改变气候，将之作为诅咒的力量来惩罚不按传统方式生活的居民。

但就在这个看上去似乎完美、理想的乌托邦中，内在的、差不多是“自己冒出来的新观念”的自然产生（如求知和对生产工具的发明、改造）和外部各种偶然因素的介入（如偶然到达此地的欧洲医生），一直在对传统的严格继承造成威胁。尽管“蒙杜木古”费尽心机力图阻止那一切可能作为冲破传统之开端的改变，但终究还是力不从心，潘多拉的盒子还是在一点点地被打开。连他培养来作为“蒙杜木古”接班人的弟子也离去，要去读大学，想做一名历史学家，然后再回来教授他所学到的东西。压垮“蒙杜木古”的最后一根稻草，是偶然来到基里尼亚加的欧洲医生向这里的居民所施展的更有效的医术——这让“蒙杜木古”失去了他的权威性。居民们虽然依然尊敬他，但却开始认为欧洲人的神更年轻、更强大。“蒙杜木古”的手指已经无法堵住堤坝越来越大的缺口。最终，“蒙杜木古”自己回到了肯尼亚，而在基里尼亚加进行的保存原汁原味的传统文化和生活方式的思想实验以失败告终。

对现代化背景下文化碰撞之思想实验的分析讨论

阅读《基里尼亚加》这部科幻作品，犹如在阅读一部人类学的民族志，只不过其描述的对象是作者想象中的在文化冲突中的虚拟思想实验而已。但正如曾有史学理论家认为，在某种意义上，文学甚至可能比历史要更为“真实”一样，在理论的意义上，这部科幻作品所展示的可能性的现实意义，仍然值得人们关注。

在广义上讲，一些极为著名的乌托邦小说（或称“反乌托邦小说”），也完全可以被归入科幻之列，如《1984》《美丽新世界》。也曾有科幻文学的研究者注意到和谈及乌托邦文学与科幻的复杂关系，认为乌托邦小说不仅从历史角度来看是科幻小说的源头之一，而且从逻辑的角度来看，即从逆历史方向来看，也是科幻小说的形式之一。“乌托邦小说并非关于天堂、地狱等另外世界的宗教观念，而是一种拟换性（alternative）的思维建构物。它与岛屿、山谷、社会和世界都是由自然界中的智慧生物——人类或类人生物——依靠其自身的力量而非借助超验力量的支持或介入建构起来的。乌托邦小说是一个另外的世界，但它同时也内在于人类的世界，或者至少是内在于灵物的努力、统治和假设性可能——而非一种宗教意义上的超验性。这一点使得乌托邦小说区别于发生在历史——即便是一种拟换性或假设性历史——之外的神话、恐怖奇幻小说和童话；同样，这一点也使得科幻小说区别于那些与它有亲缘关系但却与它截然对立的文类。”

《基里尼亚加》讲述的这个力图保存传统文化和生活方式的乌托邦的思想实验，不可摆脱的是作为其背景的文化冲突，也不可避免地涉及文化（及其力量）比较的问题。“在科幻小说中，由叙事所引导出的‘可能世界’，只有作为两种要素之间的一种相互作用，才是可以想象的：一个要素是文本的集体社会受话者关于经验世界的概念，另一个要素是给定的科幻小说文本对之前的那个概念进行的种种叙述上的明显改动。反过来讲，这个作为结果的可替代的现实或者可能世界不是预言，甚至也不是推断，而是一种类比，类比的对象是在受话者或隐含读者的经验世界中未曾实现的种种可能：无论科幻小说的叙述动因人（narrative agent）、叙述对象和叙述事件在经验上如何无法予以证实，其组合体在所有（确实）有意义的情形之下，依然创造出一种关于我们自己的寓言。”当然，在人类学的当代理解中，那种进化论式的对文化进行等级式划分的观点已不再是主流，“人类学家拒斥任何有关某一种族、某一阶级或某一文化是最优等的观点。”但不划分等级并不等于不进行比较。“人类学家的另一目标是理解人类社会的内在结构，而在这样做时，比较的方法是基础性的。众多的社会肯定已经被研究过了。科幻则提供了用于比较的想象中的社会的额外领域。”这种以想象的思想实验的方式进行的比较，和对可能性的探讨，才是《基里尼亚加》在科幻中体现人类学意味的要点所在。

思想实验中的基里尼亚加虽然处在相对封闭的环境中，但仍然无法绝对避免欧洲文化的影响。问题在于，当两种文化发生接触（哪怕是在像基里尼亚加这里的那么偶然、被动的接触）时，会发生什么？现在，人们经常默认交流和沟通（无论是在物质上还是在精神上）是件值得鼓励和促进的事，例如修路、网络等。但对于要保持一种人类学所关心的传统文化的社会来说，交流和沟通却很可能是一种威胁。科幻只是提供了在极端和更理想情况下的这样一类思想实验而已。因为，两种不同文化的社会相接触后，“一个后果是两种文化体系中的一个被毁灭。通常是其中较弱小、在技术上不那么有效率的社会被吞并或淘汰。这也一直是许多人类社会的历史。”当然，作为关心科幻的人类学虚拟观察实验的学者中也有更乐观一些的：“有时两种文化的接触可以带来人类学家们所谓的‘稳定的多元性’，这意味着接触双方都没法保存其完好如初的文化。他们生活在同一个世界中，可以交流思想、交换工具和其他所有的东西，但却没有任何一方强势到吞并或淘汰另一方。他们是在并不对另一方构成威胁的文化交换中平等的成员。”不过，在《基里尼亚加》这部科幻小说中，作者却没有给出这样一种理想的结局。但这也许是有其深意而且值得我们思考的。

人类学在其文化相对主义的立场上，倡导文化多样性，这与那种盲目、片面地追求基于西方式的现代化、全球化的立场是截然不同的。“文化多样性是人类社会的基本特征，世界各地和人类各个群体在其特殊的自然和社会生境中和漫长的历史长河中，形成了自己独特的语言、信仰、生活方式、共享意义和价值观念。多样性的文化，是人类社会在漫长的历史和复杂的生境中积累而成的宝贵财富，也是人类社会未来可持续发展不可或缺的动力来源。文化多样性能够促进经济有效增长，实现个人和群体享有更加令人满意的智力、情感和道德精神生活，激发起人们永不枯竭的创造激情和灵感，并为进行文化反思或

‘文化批评’提供不可或缺的参照。因此，文化多样性对人类，犹如生物多样性对维持生物平衡一样必不可少。”当然，也无可否认，“以统一性为主导的全球化和以差异性为基础的文化多样性之间，存在着一定的张力。”

从《基里尼亚加》作者的行文来看，她似乎努力更超然地以一种人类学中所谓“客位”的立场来描述和记载这次思想实验。但一是故事一旦展开，自身亦有其逻辑的动力；二是，还可以看出她对“蒙杜木古”的某种潜在偏爱。实际上，这位作者的经历也很能说明问题，她长期以来一直对非洲很着迷，一生中大部分时间都在研究非洲的历史、文化和动物，也正是这样的背景才使得她能以科幻的方式写出这部有关非洲基库尤部落文化的虚拟民族志。但她却仍然给出了悲剧的结局。

正如有学者在讨论有人类学意味的科幻小说时所说的：“（这样）一个学科如何能够通俗地将对幸存传统的拯救与米歇尔·费希尔[①]所称的‘预期的’未来相联系？这更涉及对人类学在世间的勘察的批判性反思。”

对于保存文化多样性的美好理想来说，《基里尼亚加》恰恰提供了一种更耐人寻味的挑战。虽然只是一种科幻中的思想实验，但从历史到现实，人们所看到的情形，不也与此颇为相似吗？

---

① 米歇尔·费希尔，美国MIT的人类学家。

科幻小说的阅读与对当代问题的思考①

人们通常会觉得，阅读，可以根据阅读对象的不同而有不同的收获。例如，阅读励志书，会激励人们的成长；阅读考试指导书，会有助于考出好成绩；阅读历史，可以明事，可借古喻今；阅读小说，一般指向休闲娱乐，而阅读科幻小说，则除了娱乐之外，或许还有助于提升读者的想象力，如此等等。

其实，在通常的意义上，阅读本不应该包括那些过于指向功利目的的读物，例如励志书或考试书，那只是人们为了达到某些特定目的的临时敲门砖而已。但另外那些似乎“无用”的读物，却在更深的层次上可以为读者提供更有意味的“用处”。甚至，这种用处不仅仅是长久和潜在的，有时，在适当的阅读眼光和思考之下，也会与我们当下面临的问题相联系，可以给我们提供一个思考的出发点。

近来，科幻小说《基里尼亚加》被翻译出版了。说起科幻小说，人们通常会马上联想到那些最高新的科技的应用，但这部小说却几乎是反其道而行之。虽然作者将情节的设置放在了一个有些科幻意味的大背景下，想象在科技非常发达的未来，利用科学技术，在某个类地行星上，一些人建立了一个移民居住地，但这个居住地却是一个想保持传统的乌托邦。这部小说讲述的恰恰是这里的人们在一个巫医首领的带领下，艰难地试图保卫某种非常传统（很多人会认为非常愚昧）的文化和生活方式的故事。

这本科幻小说的另一奇特之处是，其实此书由 10 个故事组成，而

① 此文原刊于 2017 年 5 月 27 日《辽宁日报》，收入本书时内容略有调整。

这 10 个故事都可以独立成篇——它们在结集成这本小说之前也都曾独立发表——但这 10 个故事又是围绕着一个主题展开的，而且情节逐渐推进，讲述了一个乌托邦如何在它创立者费尽心血的维护之下仍然不可避免地逐渐走向解体的过程。这 10 个故事曾先后得过 2 个雨果奖、9 个雨果奖和星云奖提名。前两年，我国读者因刘慈欣的《三体》获得雨果奖而为之骄傲，与之相比，这本小说曾获得的荣誉却是远远要多于《三体》。

最重要的，当然还是这本科幻小说的内容。在小说中，巫医展现的"神力"是依靠科学技术，而那里的居民却相信其"神力"是传统知识的成果，这就出现了一种分裂。这种分裂自然也就可以延伸到对巫医作为统治者和传统文化代言者所应具有的其他能力上。这涉及如何从根本上看待基里尼亚加非现代化传统生活的意识形态和知识基础。

小说中的乌托邦差不多是以失败告终，但基里尼亚加的实验为何会失败呢？书中有趣的情节之一是，基里尼亚加的领导者和居民来自肯尼亚，但却认为肯尼亚的现代化是一种"堕落"，虽然那种"堕落"远没有达到让人类无法生存的地步，反而是许多人梦寐以求的"发展"。这其中体现的是一种对生活方式和传统文化的价值选择，而不是一种生死选择。难道这是在提示人们，只基于文化和价值选择远不足以对抗现代化的"诱惑"吗？

阅读这样一本科幻小说，确实可以引发我们对当下所面临的问题的思考，而不仅仅是带给人们基于幻想的娱乐。但习惯的思维方式，又往往会屏蔽一些重要的问题，让人们对本可深思的问题视而不见。《基里尼亚加》这部小说可以引人深思的问题实在太多，也太复杂了。对于一些愿意思考的人来说，它的价值远远比那些只在表面上炫目耀眼和打打杀杀的"硬科幻"要更有吸引力。

科幻正在影响我们的生活[①]

首先对王晋康先生表示祝贺，二十年，有如此辉煌的成就。我简单讲几点。我平时会读很多东西，有少数作家只要有新书出来我就会追读，国外的有跟科学相关的像克莱顿，国内的有像王晋康，每出新书必读。对于王晋康的小说，以往也有不熟悉的，现在正在“补课”之中。在这个阅读过程中，也有些想法。现在，大家都在谈论振兴科幻，讨论科幻的发展，也从来不缺科幻迷。坦率地说，我也喜欢科幻，但并不是所有的科幻我都喜欢看，只是有选择地看一部分。王老师的作品就是这一部分之中的核心。刚才，很多人从文学与科幻的角度谈了很多东西，确实，科幻界圈子不是很大。其实，主流文学在超出了主流文学界之后，那些东西对我们的生活又有多大影响？我觉得科幻文学不必非得自愧。有些老师谈到主流文学的技巧，其实最高的境界不是技巧的炫耀。最高的武术境界，是平淡无华的。表面不见新奇之处的武功，那才是最高的武功。真正的武功高手，拿起棍子也是剑。王老师的作品有这层意义。

王晋康的作品最重要的东西，一个是幻想性、想象力，另一个是我觉得更有意义也是最看重的：思想性。今天这个标题是讲思想，这个说法很重要。在我见过的能从科幻作品中体现出这种人文理念的作家，王老师是一个。最后一点，很多作品，有一些经典的文学作品，说它经典，是因为除了在文学圈子里流传以外，它会超出文学圈子的影

---

① 此文系2014年在王晋康科幻作品研讨会上的发言，载于《中国科幻的思想者——王晋康科幻创作研究文集》（科学普及出版社，2016），收入本书时内容略有调整。

响范围。比如其他跨学科的研究会把这些作品当成范例来研究。如果我们仅仅从科幻的角度去研究王老师的作品，研究其文学性等，这还是对他的作品不够重视，因为他的作品不仅仅是幻想，不仅仅是科幻小圈子里的自娱自乐。我们今天在社会上，虽然大家立场不尽相同，但一致承认的是科学对我们生活的影响非常巨大，影响了我们每一个人当下的生活，甚至影响未来的生活。但究竟这种影响是正面的还是负面的？科学给我们带来了什么矛盾，什么冲突？实际上我们非常关注，研究得却不是很多。王晋康的作品中不乏伦理的思想、人文的思想、现代技术和对人们的生活方式反思等内容，这些，做科学文化研究、科学技术与社会研究的人都应给以关注。以文学作品的形式来展示更多的面相和可行性，从而思考真正影响我们命运的东西，这时候我们才更能体会王晋康作品的重要价值。

《三体》现象与中国科幻①

前不久，刘慈欣的科幻小说《三体》获得世界科幻大奖——雨果奖，再次引发社会上对于刘慈欣、对于《三体》、对于科幻的热情关注。

其实，长期以来，国内一直有一个人数不算多但却非常痴迷于科幻的小圈子。在这个圈子里，《三体》早就是读者极其推崇的科幻小说，刘慈欣本人，也被科幻迷亲切地称为“大刘”。只不过，在超出这个科幻小圈子的更大范围的文学领域，科幻还很少为人们所关注。

《三体》获奖、《三体》电影筹拍，这些对科幻利好的消息，开始刺激人们的神经，引起各界对中国科幻创作、出版的关注，甚至延伸到对中国科幻原创力等话题的讨论。这是好事。然而，我以为，越是“科幻热”，越需要我们冷静地思考《三体》现象，思考科幻对于我们的意义，以及中国科幻未来的发展。这是更重要的事。

首先值得分析的是《三体》这部科幻著作的独特性及其特殊意义。如果能静下心来阅读这三大本厚厚的小说，大多数读者会发现，作为科幻小说，《三体》构思的大胆、新奇程度令人拍案叫绝。这不仅表现在故事情节的可读性上，更突出地表现在科幻小说中经典的地球文明与外星文明相冲突的主题展开上，对科技前沿知识的利用和改造上，对未来科技发展的逻辑可能性的奇异想象上，对科学与人文立场之间深刻矛盾的深化处理上，以及作品特殊的中国背景和中国特色上。

其次，《三体》对终极问题的提出方式与众不同，对读者的思考方式也构成挑战。例如，我们为什么总是假定其他外星文明都遵循着与

---

① 此文原发表于2015年09月08日《人民日报》，收入本书时内容略有调整。

地球人一样的人性逻辑？如果他们真是有更高级智慧的生物，那么，除了在科学技术上的更高级和先进之外，在人性（姑且还用这个词吧）上会有所不同吗？我们地球人的深层天性，难道真是全宇宙普适的吗？其实，当人们习以为常地将像《三体》这样的科幻小说更多地理解为“幻想”时，就可能忽视了它们是与我们面临的科学、技术和社会发展的现实紧密关联的。这种关联恰恰是科幻小说的重要价值所在。《三体》中作为理论核心的“宇宙社会学”，就折射出地球人面对的资源、竞争、生存和发展的伦理矛盾。在技术性、科学性内容之外，作者对地外文明与地球人类之间不可调和的冲突的表现，更能吸引普通读者思考，加深他们对地球人类之天性的理解。无论是为了更好地生活，还是为了拯救人类，科学技术的作用都值得深思。

《三体》表现出来的这些优秀科幻作品的特质，预示了科幻文学发展的开阔未来。但非常遗憾的是，由于多方面的原因，中国科幻小说长期以来发展得并不十分理想，能够达到像《三体》这种艺术水准和阅读吸引力的作品并不多见，像刘慈欣这样的作者也是凤毛麟角。也就是说，《三体》的成功，在某种程度上是一个例外，具有不可复制性。《三体》的获奖既有令人喜悦的正面激励效果，也可能会带来某种盲目的乐观。可以设想，即使某位中国科学家现在获得了诺贝尔奖，我们能否因此就认为中国科学研究的整体实力已经站在了世界前列？因而，在人们开始带有某种乐观的倾向去关注中国科幻创作时，我们更应该反思那些制约中国科幻发展的不利因素。这些因素其实是多方面的，既有机制性的，也有文化传统方面的。比如，一直以来我们对科学技术在社会和人类发展过程中的积极作用的认识不够全面，在与科学技术相关的人文关怀方面有所缺失，可能是其中重要的制约因素。

最后还要提及的是，从科幻的社会教育意义来说，像《三体》这样的作品仅是其中的一种类型。近年来国内科幻界为数不多的较高质量的科幻作品中，像更关注科技伦理问题的王晋康等人的一些科幻小说，也是颇为值得重视的。科幻作品对科技伦理问题的深入探讨，也是未来中国科幻创作另一个值得鼓励的发展方向。

“大学科普丛书”

第一辑12个分册

《万年的竞争：新著世界科学技术文化简史》（刘　夙 著）
《德尔斐的囚徒：从苏格拉底到爱因斯坦》（李轻舟 著）
《在数字城堡遇见戈尔和斯诺登：江晓原科学评论集》（江晓原 著）
《眼睛的奥秘：看见自然的神奇与人类的智慧》（李　革 编著）
《天问：宇宙的探索与发现》（袁　位 主编）
《鹤舞凌霄：中国试飞员笔记》（徐勇凌 著）
《动物世界奇遇记》（汤　波 著　杨燕青 绘）
《极地征途：中国南极科考日记档案》（鄂栋臣 著）
《大国航空：从百年奋发到世纪辉煌》（张聚恩 著）
《塑料的世界》（魏昕宇 著）
《追问人工智能：从剑桥到北京》（刘　伟 著）
《火器传奇：改变人类历史的枪与炮》（钱林方 等 著）